EL ARTE DE HACER CUCHILLOS (BLADESMITHING) PARA PRINCIPIANTES

Haga su primer cuchillo en 7 pasos

TABLE OF CONTENTS

INTRODUCCIÓN

Uno de los primeros cuchillos hechos de metal fundido fue descubierto en una tumba en Anatolia. Fue encontrada en el año 2.500 a.c. Sin embargo, el hierro no se incluyó como material indispensable en la fabricación de cuchillos hasta el año 500 a.c.

Desde entonces, el metal adquirió una nueva importancia en la fabricación de diversas herramientas e implementos. Griegos, celtas, egipcios y vikingos comenzaron a utilizar el hierro en su metalistería. No fue hasta el desarrollo y descubrimiento del acero que la metalistería tomó una forma completamente nueva.

Hemos recorrido un largo camino desde la primera vez que el hombre descubrió el uso del hierro. En ese entonces, las herramientas y cuchillos que se fabricaban eran implementos toscos. Estaban ahí para servir una necesidad y se hacían con técnicas sencillas.

Hoy en día, la fabricación de cuchillos es un proceso. Comienza con la búsqueda del acero adecuado, forjando el cuchillo y sometiendo la herramienta a un proceso de recocido y normalización. Luego se le da forma con la afilada (rueda que gira como un molino a altas velocidades y lija el acero), se trata térmicamente, se apaga y finalmente se templa.

Aunque nuestros antepasados no hayan sido particularmente cuidadosos con sus condiciones de trabajo, siempre debemos asegurarnos de protegernos a nosotros mismos.

- Implementar el uso de gafas de seguridad para proteger nuestros ojos de materiales no deseados - como metal caliente y escombros afilados - de volar hacia nuestros ojos.

- La protección auditiva es vital, ya que la exposición prolongada a sonidos fuertes (por ejemplo, el ruido del rechinar de metal) puede afectar a la audición.

- Use un respirador para protegerse del polvo diminuto y de otras partículas que pueden entrar en los pulmones y causar daño permanente.

- No use pantalones cortos, incluso en días calurosos. Las chispas calientes pueden salir volando del metal y quemar la piel.

- Póngase mandiles de cuero para que cualquier chispa suelta golpee una capa de material ignífugo en lugar de su ropa.

- Ate el cabello largo cuando trabaje con herramientas y metales. Asegúrese de proteger su barba de tener una y manténgala alejada usando otros medios durante el trabajo con el metal.

- Ya que acaba de empezar, póngase cómodo usando guantes. Eventualmente, pueden llegar a ser opcionales a medida que usted gana experiencia trabajando con metales. Pero por ahora, es mejor errar por el lado de la precaución. Nota: No utilice guantes mientras use cualquier tipo de herramienta de hilar, como un tampón o una afiladora. Podrían quedar atrapados en el mecanismo.

Lo más importante es que se divierta en el proceso. No tenga miedo de experimentar. Después de todo, sólo a través de la experimentación se puede saber lo que se debe hacer y lo que no se debe hacer. Familiarícese con lo básico y ponga en práctica las cosas que aprende.

Los errores ocurren. No hay problema. Usted puede descubrir que sus cuchillos se rompen, o que tiene un cuchillo de forma extraña en sus manos. Recuerde, sólo hay dos cosas que van a suceder durante la fabricación de cuchillos:

- Haces un cuchillo, sea perfecto o no.
- Aprendes una lección.

Las lecciones que aprendes son uno de los aspectos más importantes de la fabricación de cuchillos. Pasas de hacer cuchillos normales a crear algo como el que se muestra a continuación.

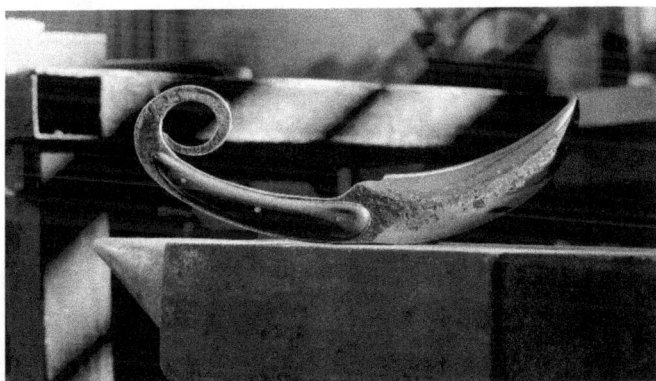

Figura 1: Cuchillo con curvas de buen gusto.

Así que no se desespere fácilmente cuando esté trabajando con su cuchillo. Mantenga su enfoque en lo que quiere lograr, y lo logrará eventualmente.

Tómese su tiempo para entender los pasos y la información proporcionada en este libro. Asegúrese de saber con qué está trabajando y siga intentándolo hasta que lo perfeccione.

Diseño, eliminación de material, biselado, tratamiento térmico, adición del mango, pulido, afilado - estos son los 7 pasos con los que usted hará su primer cuchillo. Pero no es el qué, sino el cómo hacerlo lo que te hará aprender este oficio.

Con eso, profundicemos en el arte de la fabricación de espadas.

BONOS GRATIS PARA LOS LECTORES

En primer lugar, quiero felicitarte por haber dado los pasos correctos para aprender y mejorar tus habilidades en la fabricación de espadas, comprando este libro.

Pocas personas toman medidas para mejorar su oficio, y usted es uno de ellos.

Este libro tiene un conocimiento exhaustivo de la herrería y le ayudará a hacer su primer cuchillo.

Sin embargo, para sacar el máximo provecho de este libro, tengo 3 recursos para ti que REALMENTE pondrán en marcha tu proceso de fabricación de cuchillos y mejorarán la calidad de tus cuchillos.

Ya que ahora eres un lector de mis libros, quiero extender una mano, y mejorar nuestra relación autor-lector, ofreciéndote 3 de estos bonos GRATIS.

Todo lo que tienes que hacer es ir a
https://www.elitebladesmithingmasterclass.com/free-bonus
e ingresar el e-mail donde quieres recibir estos recursos.

Estos bonos le ayudarán a:

1. Ganar más dinero vendiendo tus cuchillos a los clientes
2. Ahorrar tiempo en la fabricación de cuchillos

Esto es lo que usted recibe GRATIS:

1. Guía del herrero para la venta de cuchillos
2. Plantilla de Cuchillo de Caza
3. Cuchilla de referencia de eliminación de stock

He aquí una breve descripción de lo que recibirá en su bandeja de entrada:

1. Guía del herrero para la venta de cuchillos

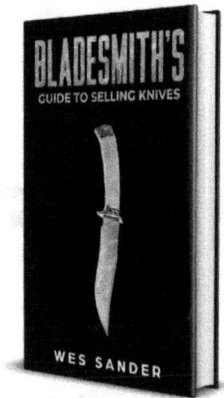

¿Quiere vender sus cuchillos para alimentar su hobby, pero no sabe por dónde empezar?

¿Tienes miedo de cobrar más por tus cuchillos?

¿Te rebajan constantemente el precio de tus cuchillos?

Bladesmith's Guide to Selling Knives' contiene secretos simples pero fundamentales para vender sus cuchillos con fines de lucro. Se incluyen las versiones de audio y PDF.

Dentro de este libro descubrirás:

- Cómo **ganar más dinero** vendiendo cuchillos y espadas a los clientes (Precios más altos)
- La ubicación **oculta a la vista** que es perfecta para la venta de cuchillos (Gun shows)
- Su **mayor "activo"** que puede aprovechar para cobrar precios más altos por sus cuchillos, y **ganar $50 o más** por la venta del mismo cuchillo.
- 4 errores críticos que podrías estar cometiendo, que te están impidiendo **vender tu cuchillo por lo que realmente vale.**
- El número ideal de cuchillos que debe llevar a una exposición de cuchillos
- 5 plataformas online en las que puedes vender tus cuchillos
- 9 detalles clave que debe mencionar al vender sus cuchillos en línea, que aumentarán el número de clientes que obtendrá

2. Plantilla de cuchillo de caza para la eliminación de stock

¿Cansado de dibujar planos al hacer un cuchillo?

¿No es bueno en CAD o cualquier tipo de software de diseño?

Convierta la planificación y el diseño de los planos en un asunto de 5 segundos, descargando este clásico diseño de cuchillo de bowie que puede imprimir y rectificar en el tamaño de acero que prefiera.

Esto es lo que obtienes:

- Diseño clásico de cuchillo bowie **que se puede imprimir y pegar** en el acero de stock y empezar a rectificar.
- Elimina la molestia de planificar y dibujar la disposición de las cuchillas durante la fabricación de las mismas.

- Planos detallados incluidos, <u>para asegurar líneas de afilado rectas y limpias</u>

3. Cuchilla de referencia de eliminación de stock

¿Necesita buscar rápidamente los pasos correctos mientras trabaja con un cuchillo en su taller?

Esto es lo que obtienes:

- Realice el arranque de material de su cuchillo en sólo **14 pasos**
- <u>Proceso completo dc arranque de material</u>, realizado con acero 1084
- **Guía de referencia rápida** que puede imprimir y colocar en su taller

Como se mencionó anteriormente, **para acceder a este contenido,** vaya a *https://www.elitebladesmithingmasterclass.com/free-bonus* e **ingrese el e-mail donde desea recibir estos 3 recursos.**

DESCARGO DE RESPONSABILIDAD: Al suscribirse al contenido gratuito, también acepta que se le añada a mi lista de correo electrónico de bladesmithing (el arte de la creación de cuchillos), a la que envío útiles consejos de bladesmithing y ofertas promocionales.

Le sugeriría que descargue estos recursos antes de seguir adelante, ya que son un gran suplemento para este libro, y tienen el potencial de traer una mejora en sus resultados.

CAPÍTULO 1: HERRAMIENTAS DEL OFICIO

Este libro ha sido diseñado para incluir la menor cantidad de contenido teórico posible. Esto le permite entrar en acción y empezar a trabajar en él inmediatamente. Una manera de enfocar este libro es leer un capítulo y luego aplicarlo en su taller. Trate de practicar y comprender las técnicas de cada sección antes de pasar a la siguiente. Esto le permitirá absorber mejor la información y memorizar una técnica antes de comenzar con la siguiente.

Pero incluso antes de empezar a trabajar con metales, es necesario conocer todas las herramientas esenciales para el proceso.

Herramientas para su espacio de trabajo

El proceso de fabricación de cuchillos es más que sólo aplicar habilidades para crear algo. A medida que avance en la fabricación de cuchillos, utilizará varias herramientas para obtener los resultados que desea. Se necesita un juego de herramientas para obtener la forma del cuchillo y otro para alisar su superficie. Las siguientes herramientas servirán como punto de partida para hacer su primer cuchillo basado en los procesos mencionados en este libro. A medida que te familiarices con el proceso, te animo a que experimentes e improvises con las herramientas para encontrar la técnica que mejor se adapte a ti.

Banco de trabajo

Su banco de trabajo va a ser su espacio principal para gran parte de su trabajo. Pero más que eso, actuará como un espacio para alojar todas las herramientas vitales que usted necesita. Una de las cosas esenciales a tener en cuenta es que su banco de trabajo debe estar elevado a una altura cómoda. Al hacerlo, no tendrá que agacharse y forzar los músculos de la espalda mientras trabaja. Además, es muy importante que su banco de trabajo sea estable para que no se mueva cuando trabaje con su cuchilla. Si no es posible anclarlo al suelo o a la pared, trate de añadir peso en la parte inferior para crear una base sólida con el menor movimiento posible.

Afiladora angular

No es necesario disponer de esta herramienta de forma correcta. Sin embargo, definitivamente ahorra tiempo cuando se utiliza para diferentes tareas como el esmerilado o el corte de metal. Un punto importante a tener en cuenta aquí es que debe ser extremadamente cuidadoso al manejar una afiladora angular.

Taladro

Dado que necesitará una herramienta que pueda perforar fácilmente la espiga del cuchillo (más sobre esto más adelante) para que pueda fijar su mango, es importante que se consiga una prensa taladradora. También puede utilizar un taladro manual, pero una prensa de taladro le permite hacer agujeros precisos mientras equilibra su cuchillo con cuidado.

Lima para metal

Aunque la mayor parte del trabajo se realiza con herramientas eléctricas, es útil tener una lima para metal a mano. Puede realizar tareas específicas de forma eficiente, como eliminar rápidamente una pequeña rebaba metálica o ajustar el diseño de la cuchilla. Cuando tenga una lima, puede tomarse su tiempo para trabajar en su cuchillo y obtener el resultado que desea.

Lijadora de banda/

Una herramienta valiosa para tener en su espacio de trabajo, y como notará cuando comencemos a trabajar con cuchillos, es una parte esencial del proceso.

Siempre se puede utilizar la afiladora angular para realizar muchas de las tareas de una lijadora de banda, pero yo recomendaría conservar la afiladora angular para el corte. La lijadora de banda es mucho más segura y fácil de usar. Además, puede realizar una gran cantidad de tareas, incluyendo el modelado de mangos, afilado de biseles, añadir los toques finales a su cuchillo y mucho más.

Una de las opciones más baratas para una lijadora de banda es la versión de 1 x 30 pulgadas. El molinillo en sí mismo no será tan robusto o versátil como las otras variedades que usted puede conseguir en el mercado, pero le ayudará como un principiante.

La versión más cara es la lijadora de banda de 2 x 72 pulgadas. Con el aumento de la inversión, usted también obtiene un molino más resistente y robusto. Esto mejorará la calidad de la producción que está produciendo.

Cubo de enfriamiento

El templado es una parte vital del proceso de fabricación de cuchillos. Para el proceso, se necesita un recipiente llamado "quenchant" o cubo de enfriamiento.

Durante el proceso de enfriamiento, existe la posibilidad de que su cuchilla pueda "estallar" o de que el aceite comience a arder. Para tales situaciones, siempre es ideal mantener el contenedor utilizado para apagar el fuego. Además, también debe asegurarse de que su enfriamiento tenga una tapa para que pueda cortar rápidamente el suministro de oxígeno en caso de emergencia.

Mucha gente usa un contenedor improvisado para apagar el fuego. Usted puede hacer lo mismo utilizando un recipiente metálico de café usado. Si está utilizando un contenedor de este tipo, la idea es que va a trabajar con cuchillas que puedan caber fácilmente en el contenedor.

Si se trata térmicamente el acero 1084, se puede utilizar un recipiente de aceite de canola para el templado.

Otros artículos que puede usar como enfriamiento incluyen un cubo de acero de 5 galones, una bandeja de pan, una bandeja para asar de metal pesado e incluso un extintor de incendios usado con la parte superior cortada (sí, eso es una cosa). Pero no importa el recipiente que elija, asegúrese de que sea a prueba de fuego y que tenga tapa.

Sierra de arco

La sierra de arco funciona de manera similar a una afiladora angular, pero le permite hacer ajustes finos cuando esté cortando. Puede parar y ajustar su posición mucho más fácilmente con la sierra de arco que con la afiladora angular. También toma más tiempo, ya que usted está haciendo el corte a mano.

Herramientas utilizadas en el arte de crear cuchillos

Hay herramientas que necesitará en su lugar de trabajo, y hay herramientas que necesita tener con usted en persona. Todos ellos sirven para un propósito importante.

Aquí hay algo para recordar: el número de herramientas que puedes encontrar en el taller de un herrero y los diversos propósitos que sirven pueden ser bastante abrumadores para entender. Es posible que visite un taller y se sorprenda de algunos de los objetos que encuentre, preguntándose para qué pueden ser utilizados. Como eres un principiante, no tienes que preocuparte por demasiadas herramientas. Por ahora sólo necesitas tener lo siguiente.

Martillo

Un herrero que golpea el hierro con un martillo es, de hecho, la representación simbólica por excelencia de la fabricación de un arma o herramienta poderosa.

Hay una razón para ello. Su martillo va a ser la herramienta más versátil que va a utilizar en su proceso de fabricación de cuchillas. Piense en el martillo como una extensión de su brazo, llegando a tocar el metal y trabajar con él donde sus manos no pueden (después de todo, los metales se calientan a altas temperaturas).

El martilleo es una cuestión de eficiencia, así que tómese su tiempo para hacer que su martillo sea lo más cómodo posible. Si es necesario, puede afeitar el mango para que se ajuste perfectamente a su mano. Usted debe ser capaz de agarrarlo fácilmente sin tener que usar un agarre muy fuerte. Su cuerpo se acostumbrará a trabajar con una longitud en particular y le ayudará a ser más preciso en el tiempo.

Uno de los factores más importantes que debe considerar al elegir un martillo es su peso. Debe ser lo suficientemente ligero como para no causar fatiga muscular. La cabeza de su martillo debe pesar entre 1.5 y 3 libras.

Lo siguiente en lo que debe centrarse es en la longitud del mango. Lo ideal es que tenga la misma longitud que la distancia desde el codo hasta la punta de los dedos. Esto le permite trabajar con el metal sin tener que estar cerca de él.

Pinzas

Lo que las películas no muestran es que muchos herreros usan sus pinzas. Si una mano sostiene el martillo, la otra sostiene las pinzas, aunque las pinzas no suelen tener la cobertura que se merecen.

En un proceso de fabricación de cuchillos, normalmente se manipulan metales que se calientan a 1.500°F. No puedes tocar metales a esa temperatura usando tus guantes. Usted necesita un equipo especial que pueda sostener el metal de manera segura y cómoda.

Para decirlo claramente, necesitas unas pinzas.

Yunque

Si está planeando comprar un yunque nuevo, es posible que tenga que desembolsar un poco de dinero en efectivo. Pero por lo general, usted será capaz de encontrar yunques para la venta o que se venden de segunda mano. Usted puede obtener cualquier tipo de yunque, pero tenga cuidado con las virutas o hendiduras profundas que le causarán problemas cuando lo use en el futuro.

A muchos herreros les gusta usar yunques que pesan por lo menos 100 libras, pero usted puede usar algo más pequeño al principio. Lo único que me gustaría señalar es que cuanto más ligero es el yunque, más energía absorbe cuando se trabaja con metal. Cuanto más pesado sea, más sentirá el metal el impacto. Esto es importante porque usted quiere que el metal sienta los impactos en lugar del yunque.

Soporte de yunque

Esto no es vital, pero le ayuda a mantener su yunque y el metal estable cuando está trabajando. A veces, usted puede experimentar situaciones en las que su yunque puede deslizarse a lo largo del suelo.

La razón más importante para conseguir un soporte es elevar el yunque. A diferencia de cómo los ves en las películas, el yunque no es tan alto. Esto significa que usted puede terminar inclinándose o agachándose para trabajar con su metal. Incluso si usted usa una silla, podría estar en una posición incómoda para realizar su proceso de metalurgia. Usando un soporte, usted puede levantar el yunque para mayor comodidad.

¿Quieres saber la altura ideal para tu yunque? Coloque los

brazos a los lados y cierre el puño. Debe colocar el yunque al mismo nivel que los nudillos.

Otra cosa que usted debe centrarse en es la colocación de su yunque. Lo ideal es que esté cerca de la fragua, pero no demasiado cerca. Debería poder transferir el metal de la forja lo más rápido posible con suficiente espacio para navegar.

Figura 2: Un yunque de 55 libras colocado en un banco de metal.

Forja

Normalmente se pueden encontrar dos tipos de forjas, a base de carbón y a base de propano. Ambos tienen sus propias ventajas y limitaciones.

A base de carbón

Estas forjas son más silenciosas que sus contrapartes de propano.

También puede obtener fácilmente el calor centrado alrededor de un área en particular. Esto les permite ser verdaderamente versátiles.

Su desventaja es que no son ideales para principiantes. Requieren mucho mantenimiento. Si usted no es cuidadoso o no está acostumbrado a ellos, entonces pueden recalentarse fácilmente y terminar arruinando su trabajo. Además, debido a que el carbón no es particularmente limpio de manejar, es posible que se ensucien con bastante frecuencia.

A base de propano

La mejor parte de la forja a base de propano es que pueden iniciarse fácilmente y requieren menos tiempo para acostumbrarse o trabajar. Son muy convenientes de usar y tienen un mayor grado de portabilidad que las forjas a base de carbón.

Por otro lado, son bastante ruidosas y requieren una ventilación adecuada. Debe asegurarse de que no está utilizando forja a base de propano dentro de un espacio cerrado o hay riesgos de envenenamiento por monóxido de carbono.

La forja ideal

Si usted está comenzando, entonces usted podría intentar usar una forja de propano de dos ladrillos. Pero como se mencionó anteriormente, asegúrese de que su espacio de trabajo tenga el espacio adecuado. Si está trabajando dentro de un garaje, asegúrese de que la puerta del garaje esté bien abierta para llevar a cabo el escape y el humo de la forja de propano. Además, si se siente débil o incómodo trabajando con una fragua de propano, asegúrese de detener su trabajo, encontrar suficiente ventilación, mover la fragua a un lugar diferente e intentarlo de nuevo.

Empezando por el acero

Usted va a encontrar varios aceros con los que trabajar. Hay aceros como 5160, W1, W2, O1, y más. Cada tipo de acero que usted encuentra tiene sus propias propiedades.

Pero ¿con cuál de ellos debería empezar? ¿Hay un acero para principiantes que se puede utilizar para practicar la fabricación de cuchillos? ¿Existe un acero que no plantee demasiados desafíos?

Afortunadamente, la hay.

En el mundo de la cuchillería, el 1084 es considerado un acero para principiantes. Este acero es uno de los más sencillos con los que se puede trabajar en casa. El 1084 forma parte de las diez series de aceros. Cuanto más alto es el número, más alto es el porcentaje de carbono que tienen. Por ejemplo, 1045 tiene un 0,45% de carbono de la composición total de los elementos del acero. Aquí están las variaciones de acero restantes de las diez series:

Acero serie 10	Porcentaje de Carbono
1045	0.45%
1050	0.50%
1055	0.55%
1060	0.60%

1084   0.84%

1095   0.95%

Como puede ver en la tabla de arriba, 1084 tiene suficiente carbono para darle la robustez que usted requiere para su fabricación de cuchillos. Al mismo tiempo, es más fácil de tratar térmicamente 1084. Esto lo hace ideal para acostumbrarse a varios procesos.

Además, lleva tiempo trabajar en otras formas de acero. Si usted comienza usando un tipo de acero más desafiante y no le gustan los resultados que salen al final, entonces usted va a estar mucho más decepcionado y completamente agotado por todo el proceso de fabricación. Por eso, cuando empiece con el acero 1084, no le importará cometer errores.

Cuando dominas 1084, puedes sentirte libre de pasar a 1095, que tiene un mayor contenido de carbono y requiere atención cuidadosa y habilidad mientras pasas por el tratamiento térmico.

CAPÍTULO 2: ANATOMÍA DE UN CUCHILLO

Antes de empezar a trabajar con un cuchillo, necesita saber más sobre su anatomía. Este conocimiento le ayudará a entender con qué está trabajando y qué partes va a manejar.

Anatomía Básica

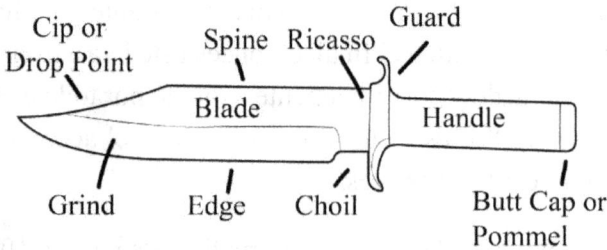

Figura 3: La anatomía de un cuchillo

Punto (Cip or Drop Point)

El punto es la punta del cuchillo. O, en otras palabras, es la parte empresarial del cuchillo.

Vientre

El vientre del cuchillo es el arco que se forma a lo largo del filo del cuchillo. Es una región curva que comienza en el centro de la cuchilla del cuchillo y llega a la punta.

Lomo (Spine)

Esta es la parte superior no afilada del cuchillo. Esencialmente, es el lado romo el que permite a la gente usar los dedos para presionar el cuchillo.

Borde (Edge)

Toda la parte afilada de la cuchilla. Algunos cuchillos tienen un solo filo mientras que otros tienen un doble filo.

Serraduras

Algunas cuchillas tienen un diseño similar al de un diente de sierra en el filo del cuchillo. Estos diseños a menudo se denominan serraduras.

Cuchilla (Blade)

La cuchilla es la región afilada del cuchillo que incluye el filo, la punta, las estrías, el lomo y el vientre.

Bisel

Cuando usted mira un cuchillo, entonces notará una ligera inclinación que lleva al filo del cuchillo. Esta inclinación se llama el bisel. Cuanto más altos sean los biseles, mayor será la potencia de corte de la cuchilla.

Tang

La parte trasera del cuchillo. Esencialmente, esta es la parte de 'mango' del cuchillo sin el mango real adherido a él.

Mango

El mango es la cubierta de la espiga. El mango puede ser de madera o de cuero.

Alfiler

No todos los cuchillos tienen alfileres, pero se pueden ver fácilmente en el mango de la cuchilla. Son las pequeñas manchas en la cuchilla que se añaden para asegurar el mango a la espiga.

Anatomía avanzada

Ricasso

Esta es la parte gruesa del cuchillo que se encuentra entre la cuchilla y el mango. El ricasso se utiliza principalmente para reforzar el cuchillo.

Pomelo

Esta es la culata del cuchillo y, a veces, es posible que los fabricantes de cuchillos lo conviertan en un diseño único o en una formación en forma de capuchón.

Quillons

Estas son protuberancias del mango. Encontrará un par de estos, uno en el pomelo y otro entre el ricasso y el mango. Por lo general, se crean para evitar que la mano se deslice hacia arriba y hacia abajo del mango. También puede ser llamado el protector de la hoja si usted ve que sólo se forman entre el ricasso y el mango.

Los quillons se diseñan generalmente en un solo lado del cuchillo. A ambos lados del mango se forma un protector de tal manera que, si se sostiene el cuchillo verticalmente, parecerá una cruz. De hecho, una mejor manera de imaginar esta parte es imaginar un cuchillo vertical. La sección horizontal que atraviesa la cuchilla es el protector.

Almohadilla

Con algunos cuchillos, usted puede notar una unión gruesa entre el mango del cuchillo y la cuchilla. Esta sección gruesa se utiliza para proporcionar una transición suave de la espiga a la cuchilla y se denomina almohadilla.

Choil

Algunos cuchillos tienen una ligera depresión entre el borde y el ricasso. Tal depresión se conoce como un choil.

Conociendo el cuchillo

Cuando usted conoce las diferentes partes del cuchillo, entonces es fácil para usted diseñar su cuchillo. ¿Está planeando hacer un cuchillo de doble filo o uno de un solo filo?

Al reconocer las diferentes partes del cuchillo, usted podrá crear una que se ajuste a su idea. Además, cuando quiera hacer cambios en una sección específica de una cuchilla, entonces sabrá el nombre de la parte en la que se está enfocando. Esto es importante cuando usted está tratando de describir su cuchillo a otra persona.

Perfiles de cuchillas

Las diferentes cuchillas se adaptan mejor a las diferentes tareas, dependiendo del perfil de la cuchilla. El perfil es el término utilizado para describir la forma general de la cuchilla y le da a la cuchilla su aspecto. Aprender los perfiles básicos de las cuchillas puede servir de guía mientras diseña su cuchilla basándose en las funciones específicas que usted desea que sirva.

Uno de los perfiles más comunes de las cuchillas es el punto de caída, el cual es favorecido como el mejor estilo para las cuchillas de supervivencia y caza. Un punto de caída se caracteriza por el lomo de la cuchilla "cayendo" desde el mango hasta la punta, con la punta en el eje central de la cuchilla. El lomo se extiende a lo largo de toda la punta, lo que la hace mucho más fuerte y menos propensa a romperse. También es un excelente cuchillo para tallar.

Una cuchilla de punta de clip es otro tipo común de perfil de cuchilla y recibe su nombre por la apariencia "cortada" de la punta de la cuchilla. La punta es más afilada y delgada y, por lo tanto, más adecuada para apuñalar y perforar. Sin embargo, esta punta delgada también la hace mucho más débil que una cuchilla de punto de caída, y tiende a romperse más fácilmente.

Un perfil *"tanto"* se utiliza a veces en un diseño de estilo militar y en la lucha contra los cuchillos de batalla. Este perfil tiene una espina dorsal que se inclina ligeramente hacia abajo hasta un punto que es agudo y angular. Esto hace que una cuchilla con una punta que es ideal para perforar, apuñalar, y de utilidad general.

Un diseño de punta de lanza tiene un punto que se encuentra en el centro de dos lados simétricos, muy parecido a la punta de una lanza. Una punta de lanza puede tener uno o ambos bordes afilados y tiene una punta fuerte y afilada. Esta característica lo convierte en un gran cuchillo para perforar o apuñalar. Sin embargo, es muy difícil hacer cualquier trabajo de tallado fino o de detalle, y no es un cuchillo práctico de uso diario.

Diseño de un cuchillo

Hay algunas cosas que debe recordar cuando diseñe su cuchillo.

Cuando diseñe un cuchillo, asegúrese de saber para qué lo utilizará principalmente. Esto le ayuda a entender cómo le gustaría diseñar el borde, si necesita un protector, qué tipo de punto debe crear y otra información útil. Muchas personas que empiezan a fabricar cuchillos piensan que les gustaría diseñar un cuchillo que pueda lograr prácticamente cualquier propósito. Pero tal cuchillo no existe. Diseñar un cuchillo de una manera particular significa que tienes que hacer sacrificios en otras áreas.

Para hacer un cuchillo, necesitará una plantilla de cuchillo. La mejor manera de aprender a hacer una plantilla es verla en el proceso. Por lo tanto, aquí están los pasos para crear su propia plantilla de cuchillos. En esta plantilla, vamos a crear un simple cuchillo de caza.

En un pedazo de papel de impresora, dibuje dos líneas horizontales que no estén a más de 2 pulgadas de distancia. Ya que está comenzando, use un ancho de 1¼ pulgadas. Entre estas dos líneas, tienes que crear tu cuchillo.

La longitud total del cuchillo no debe ser mayor de 15 pulgadas. Sin embargo, con nuestras medidas, los cuchillos no serán tan largos.

Centrémonos primero en la cuchilla. Una cuchilla de 4 pulgadas puede ser demasiado larga para algunos y cualquier cosa que caiga por debajo de 3¼ pulgadas puede ser demasiado corta. Principalmente, usted debe mantener la longitud de la cuchilla en 3⅞ pulgadas o si eso parece demasiado preciso, entonces haga la cuchilla entre 3¼ y 4 pulgadas de largo.

La creación del mango es complicada, ya que cada persona tiene un tamaño de mano diferente. Pero lo que debes hacer es formar un mango que equilibre la cuchilla. En este punto, lo ideal es que busque crear un mango de aproximadamente 4 pulgadas de largo. Algunos fabricantes de cuchillos pueden llegar hasta 4¼ pulgadas de largo para el mango, pero usted debe permanecer dentro de la marca de 4 ¼ pulgadas.

Creación de una plantilla

Dibuja tu cuchillo. Este dibujo eventualmente será su cuchillo, así que tómese su tiempo y juegue con el diseño.

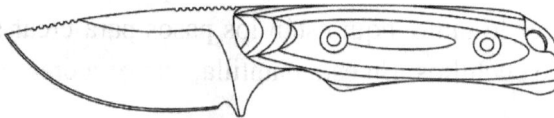

Figura 4: Una plantilla de cuchillas simple

Si desea obtener la versión imprimible de esta plantilla de cuchillos   GRATIS,   vaya   a

https://www.elitebladesmithingmasterclass.com/free-bonus, e ingrese su e-mail.

Cuando se decida por un diseño final, haga una fotocopia para conservarla como referencia. A continuación, recorte el diseño y péguelo sobre un trozo de madera con adhesivo en spray.

Usando una sierra de cinta, o sierra de arco, recorte cuidadosamente el diseño en la pieza de madera. Afine la plantilla utilizando una lima de madera para eliminar las marcas de la sierra y dé forma a su cuchillo quitándole todo hasta el borde del dibujo. Cuanto más preciso sea, más se familiarizará con la forma en que será su cuchillo.

Sostenga la plantilla en su mano y siéntala. ¿Es necesario que el mango sea más largo o más corto? ¿Es la longitud de la cuchilla lo que está buscando? ¿Son la longitud de la cuchilla y la longitud del mango las proporciones correctas? Si tienes alguna duda en el diseño, este es el momento de arreglarlo. Se necesita mucho menos tiempo para hacer una nueva plantilla que para tratar de arreglar los defectos de diseño en su cuchilla mientras trabaja.

CAPÍTULO 3: FABRICACIÓN DE UN CUCHILLO POR ARRANQUE TRADICIONAL DE MATERIAL

En este capítulo, vamos a aprender a hacer un cuchillo usando un método que es ideal para principiantes: el arranque de viruta.

Ya hemos creado la plantilla para el cuchillo de caza en el capítulo anterior. El tema de los biseles de esmerilado y el tratamiento térmico se explica con más detalle más adelante en este libro.

Como ya hemos mencionado anteriormente, vamos a empezar usando la cuchilla 1084. Ya conocemos las dimensiones de nuestro cuchillo, por lo que debería ser relativamente fácil descubrir también las dimensiones del acero.

Para su cuchillo, utilice un acero 1084 de 9 pulgadas de largo. De esta manera, incluso si usted decide hacer la cuchilla de 4 pulgadas y el mango 4¼ pulgadas, usted tendrá mucho espacio para trabajar. El ancho del metal que usted elija no debe ser mayor de 2 pulgadas.

Si usted se encuentra en posesión de acero más largo y ancho que las dimensiones que ha elegido, entonces todo lo que tiene que hacer es usar su fiel afiladora angular para cortar las piezas adicionales. Para cortarlos, dibuje las dimensiones del acero (9 pulgadas x 2 pulgadas) y corte a lo largo de las líneas. Trate de no desperdiciar nada del metal extra ya que podría usarlo para hacer más cuchillos. La mejor manera de trabajar con todo el metal extra es dibujando rejillas de sus dimensiones de acero.

Por ejemplo, si usted tiene acero 1084 que mide 10 pulgadas de largo y unas 6 pulgadas de ancho, entonces técnicamente, usted puede hacer 3 x (9 pulgadas x 2 pulgadas de tamaño) cuchillas. Al final le quedará una tira muy estrecha que podrá guardar para futuros proyectos. Todavía se pueden hacer cuchillos con el metal restante. Sin embargo, podrían ser más estrechas que las que usted está haciendo ahora mismo.

Incluso puedes dibujar la forma de tu cuchillo en la cuchilla para ayudarte a entender cómo conseguir la forma que quieres.

Una vez que lo haya hecho, siga los pasos que se indican a continuación:

1. Típicamente, usted puede descubrir que su acero viene con la escala de molino común y corriente (sin juego de palabras). Cuando utilice metales, lo ideal es que tengan un color gris humo. Pero con un recubrimiento de cascarilla de laminación, puede llegar a tener una capa gris oscura. Hay dos maneras de eliminar la cascarilla de laminación: el método mecánico y el método químico.

2. En el método mecánico, usted usa su lijadora de banda para astillar lentamente la capa hasta que finalmente pueda ver la cascarilla de laminación removida. Puede utilizar una correa de 50 o 60 de grosos para una correa de grano áspero y luego mover hasta 100 de grosor para una correa de grano final.

3. El método químico es el más fácil, pero tarda un tiempo en eliminar todo el revestimiento. Primero, necesitará los siguientes elementos:

   a. Un cubo de 2 galones

   b. 2 cubos de 5 galones

   c. Guantes de resistencia química

d. Gafas de seguridad

e. Vinagre blanco (necesita lo suficiente para asegurarse de que su acero está completamente sumergido en el vinagre)

4. Cuando esté listo, tome un cubo de 5 galones y luego vierta el vinagre blanco en él.

   a. Luego, tome el balde de 2 galones y taladre algunos agujeros en la parte inferior usando su taladro de mano.

   b. Tome el pedazo de metal que le gustaría desincrustar y luego colóquelo dentro de la cubeta de 5 galones que contiene el vinagre blanco.

   c. Ahora tiene que esperar al menos 24 horas. Durante ese tiempo, siga girando el metal cada 4 horas para que el vinagre pueda llegar a todas las partes del metal.

   d. No sumerja las manos directamente en el vinagre. Puede que no sea tan peligroso como otras formas de ácido, pero todavía tiende a quemar. Además, asegúrese de usar gafas protectoras para proteger sus ojos de salpicaduras cuando se mueva alrededor del metal.

   e. Como puede ver, este método de descalcificación es bastante largo, pero implica menos actividad, y puede utilizarlo cuando tenga un día ocupado por delante.

   f. Cuando finalmente se saca el acero del cubo, sólo es necesario regarlo con agua para eliminar cualquier rastro de cascarilla de laminación. Si encuentra escamas de molino resistentes, puede utilizar la lijadora de cinta, pero no tendrá que hacer mucho esfuerzo. Las escamas de molino suelen desprenderse en un minuto o menos después de haberlas sometido a la afiladora.

g. También puede llenar el segundo cubo de 5 galones con agua y utilizarlo para eliminar cualquier rastro de vinagre blanco. Levante el cubo de 2 galones, espere a que el vinagre blanco escurra y transfiéralo al cubo de 5 galones con agua para un lavado rápido antes de usar la manguera o afilar la cascarilla del molino.

h. La alternativa al uso del vinagre es el ácido muriático. Sin embargo, no recomendaría el uso de ácido muriático para principiantes porque el ácido es altamente tóxico. De hecho, son tan tóxicos que usted tendrá que usar respiradores o sus pulmones arderán al inhalar incluso una pequeña porción de los vapores ácidos. Además, son difíciles de manejar y pueden necesitar muchas precauciones adicionales. Por lo tanto, en interés de la seguridad, intentemos evitar el ácido de grado industrial tanto como sea posible.

i. Si desea comprar metal sin depósitos de cascarilla de laminación, lo ideal es que busque acero laminado en frío. Pero usted gastará bastante para tener en sus manos acero laminado en frío.

5. Una vez que haya retirado la cascarilla de laminación, utilice una abrazadera para mantener el acero en su lugar. A continuación, utilice su sierra de arco para cortar una forma áspera del cuchillo. También puede utilizar una afiladora angular para el trabajo. Independientemente de la herramienta que utilice, asegúrese de que está bien protegido y de que es cuidadoso al utilizar las herramientas. La prudencia es la mejor forma de actuar,

sobre todo porque eres un principiante.

6. El siguiente paso es limpiar el cuchillo con la lijadora de banda. Esto significa que usted va a obtener la forma más refinada y precisa. Para ello, vamos a utilizar una cinta de grano 60, ya que lo único que queremos hacer en este momento es refinar la forma que ya hemos creado.

7. Ahora está listo para añadir un bisel al cuchillo. En este punto, será un poco duro. Marque el bisel y el borde de su cuchillo con cualquier marcador. A continuación, pase el cuchillo por la lijadora de banda hasta que obtenga el filo que desea. Esencialmente, usted necesita marcar el centro de su cuchillo o el punto desde donde comienza su filo. Asegúrese de que cuando esté añadiendo su bisel, mantenga la parte hacia el centro o el punto de origen del bisel grueso.

8. Hay 3 tipos diferentes de biseles que puede elegir: lijado plano, lijado convexo o lijado hueco. La guía completa para hacer esto se da más adelante en el libro.

9. Ahora que ha dado forma al cuchillo, es el momento de taladrar agujeros en la espiga. Siempre debe hacer esto antes de entrar en el proceso de tratamiento térmico. Puede utilizar cualquier taladro para crear los agujeros, pero la prensa de taladro le da mayor control y precisión porque puede sostener la cuchilla en su lugar mientras hace los agujeros.

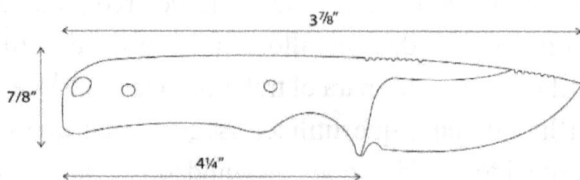

Figura 5: La plantilla de cuchillas con medidas

10. Es hora de tratar el metal con calor. Las instrucciones son para el acero 1084. Colóquelo en la forja y deje que el acero se caliente hasta que entre en el rango amarillo (o, en otras palabras, cuando el metal se vuelva amarillo brillante). El objetivo es llevar el metal a un punto no magnético. Si desea comprobar si lo ha hecho con éxito, coloque un imán cerca y compruebe si el metal lo atrae. Cuando haya alcanzado la temperatura no magnética, mantenga el metal en la forja durante unos 15 minutos. En los capítulos siguientes se dan instrucciones completas sobre el tratamiento térmico.

11. Ahora van a apagar el metal. Asegúrese de tener aceite de canola que haya sido calentado a 135°F, para usarlo como refrigerante o agente enfriador. Al final de esos 15 minutos en los que colocaste el metal en la forja, transfiérelo directamente al aceite de canola. Como hemos mencionado antes, asegúrese de tener una tapa lista cerca en caso de que la necesite.

12. Una vez que haya terminado de templar el metal, sáquelo para el proceso de templado. Precaliente el horno a unos 400°F. Colocar el metal en el horno durante unas dos horas. Sacar el metal, dejar que se enfríe. Luego, colóquelo de nuevo en el horno durante otras dos horas. También puede usar un soplete si tiene uno. O puede usar una tostadora (asegúrese de que toda la cuchilla encaje en la tostadora).

13. Después de completar el proceso de templado, es el momento de retirar las escamas del tratamiento térmico y finalizar los biseles. Vuelva a su molinillo y luego

añada los toques finales. Lima el cuchillo hasta obtener el grosor deseado. Notarás que, en este punto, tu cuchillo se parece cada vez más al cuchillo que tenías en mente.

14. Su cuchillo está listo para el proceso de encolado. Para pegar los mangos al cuchillo, utilice pegamento epoxi para realizar el trabajo. Uno de los pegamento epoxis más populares que puedes encontrar en el mercado es el T-88, pero eres bienvenido a usar cualquier marca que te sientas cómodo usando.

15. Dé forma a su mango usando la lijadora de banda.

16. Pulir la cuchilla con papel de lija.

17. Termine afilándolo.

Un par de consejos para recordar

- También puede taladrar agujeros en el diseño de la cuchilla que hizo en la barra de acero antes de usar una sierra para cortarla. Esto se debe a que es mucho más fácil de sujetar una pieza rectangular de acero, en comparación con un cuchillo en blanco.

- Cuando trabaje en la lijadora de banda, asegúrese de que el portaherramientas esté lo más cerca posible de la banda. Si no lo es, entonces existe la posibilidad de que el cinturón con el cuchillo se atasquen, luchen entre sí, y dañen sus dedos en el proceso.

CAPÍTULO 4: FORJANDO UN CUCHILLO (FULL TANG KNIFE)

Antes de entrar en el proceso real de forja, es mejor entender un poco sobre el proceso.

Después de todo, usted tiene su espacio de trabajo configurado, su diseño diseñado y una pieza de acero lista para usar. En este punto, usted debe asegurarse de que todas sus herramientas están donde usted puede tener un fácil acceso a ellas, coloque su cuchilla en la forja, y ponerla en marcha.

Para trabajar correctamente su cuchilla, tendrá que sacarla de la forja cuando esté a una temperatura adecuada. Aunque es posible comprar un termómetro para una forja de propano, la mayoría de las personas miden la temperatura correcta y el grado de trabajabilidad del metal por su color.

Aquí hay una tabla para ayudarle a entender el color y la temperatura del metal cuando alcanza ese color. Utilícelo como referencia siempre que trabaje con su metal.

Fahrenheit	El color del acero	Proceso
2,000°	Amarillo brillante	Forja
1,900°	Amarillo Oscuro	Forja
1,800°	Naranja Amarillo	Forja
1,700°	Naranja	Forja
1,600°	Naranja Rojo	Forja

1,500°	Rojo Brillante	Forja
1,400°	Rojo	Forja
1,300°	Rojo Medio	-
1,200°	Rojo mate	-
1,100°	Ligero Rojo	-
1,000°	Mayormente Gris	-
800°	Gris oscuro	Templado
575°	Azul	Templado
540°	Púrpura oscuro	Templado
520°	Púrpura	Templado
480°	Marrón	Templado
445°	Beige o -crema	Templado

Recuerde que cuando utilice la tabla, no tiene que obtener el tono exacto del color mencionado anteriormente. Típicamente, si usted obtiene un tono naranja-amarillo o naranja, entonces usted ha alcanzado el rango de temperatura naranja. Por eso es posible que siempre se oiga a los herreros mencionar que calientan el metal a un rango en particular.

Vamos a usar el mismo diseño de cuchilla que creamos en el Capítulo 2. Si aún no has diseñado el cuchillo, sigue adelante y crea el diseño ahora.

Una vez más, vamos a usar un acero de 9 pulgadas de largo y 2 pulgadas de ancho. Esta vez, sin embargo, vamos a utilizar acero al carbono 1095 de alto contenido en carbono.

Vamos a empezar por desescamar el acero. El método para eliminar la escala se enseña en el Capítulo 3. Una vez que haya terminado de desincrustar el acero, estos son los pasos que debe seguir para forjarlo.

Aquí hay un par de cosas para recordar:

- El acero necesita someterse a cambios durante el calentamiento para volverse maleable (o flexible en términos simples, pero no usamos el término flexible aquí ya que podría indicar que el metal puede ser estirado). Si intenta golpear un trozo de acero que está demasiado frío, sólo trabajará las capas externas del metal, y obtendrá un efecto único que se asemeja a las formas de hongos que se producen en el metal.

- También es posible que la temperatura sea demasiado alta, lo que es más probable cuando se utiliza una forja de carbón. Como principiante, debe comenzar con la forja de propano, pero si ya está utilizando la forja de carbón, asegúrese de tener cuidado y no sobrecalentar el metal. He aquí un consejo para que usted siga cuando utilice una forja a base de carbón: tenga cuidado de colocar sus carbones de manera que pueda colocar su acero sobre el fuego de manera uniforme. Si usted concentra el calor hacia el cuchillo en un área en particular, entonces es posible derretir la punta de su cuchillo por completo. O un método más fácil es, por supuesto, ¡usar una forja de propano!

Un plan de juego

Antes de que empieces a martillar, tienes que idear un plan de juego. Su acero comenzará a enfriarse inmediatamente cuando lo saque de la forja, y cada vez que lo coloque en el yunque, rápidamente absorbe el calor a través de la conducción. Esto significa que sólo tienes entre seis y ocho buenos golpes de martillo antes de que necesites volver a ponerlo en su sitio para calentarlo. Así que, si estás en el proceso de dar forma al metal, entonces tienes que ser preciso con tus golpes. ¡Use su tiempo sabiamente! Echa un buen vistazo a tu acero y planea exactamente donde lo vas a golpear antes de volver a ponerlo en la forja. Haga un plan mental de los pasos que va a dar para que no pierda tiempo tratando de averiguar cuándo su cuchilla está caliente y lista para trabajar. Si tiene que dejar de martillar por un momento, sostenga el acero en lugar de dejarlo reposar sobre el yunque para evitar un enfriamiento innecesario.

Como principiante, es improbable que pueda realizar golpes precisos sobre el metal. Es posible que no pueda obtener la forma que desea rápidamente. Pero eso está bien. Tómese todo el tiempo que necesite y coloque el metal en la forja a través de múltiples ciclos para formar la forma que tenía en su mente.

No hay errores aquí, solo lecciones que aprender mientras trabajas en la fragua.

Trabajar con acero

Es útil pensar en el acero caliente como arcilla. Imagínate golpear arcilla con tu martillo y lo que le pasaría cuando le dieras golpes. Mientras que el acero será mucho más difícil de mover que la arcilla, los principios básicos son los mismos. A medida que se aplica la fuerza, el acero maleable se aleja de esa fuerza en la dirección de menor resistencia. A medida que trabajes, irás ajustando el lugar donde golpeas con el martillo y la dirección de tu golpe. De esta manera, se puede controlar no sólo la fuerza sino también el lugar donde el acero tendrá tendencia a moverse manipulando el camino de menor resistencia.

A medida que trabaja, el acero eventualmente se dobla en los extremos, perdiendo su planitud. Parece de sentido común querer martillar los extremos volteados para aplanar de nuevo el acero, pero esto no le permite aplicar el tipo correcto de fuerza. Al voltear el acero y golpearlo en el centro, ambos extremos se empujarán contra el yunque a medida que el centro se aleja de la fuerza del martillo. Vigila el acero mientras trabajas. Use el último golpe o los últimos dos para asegurarse de que su acero permanezca lo más plano posible.

Ahora vamos a ver cómo se puede usar la forja para dar forma al cuchillo.

a. Lo primero que vas a hacer es averiguar dónde va a estar la punta del cuchillo. Como no vamos a usar la sierra de arco y afilar el cuchillo, vamos a usar la forja para darle forma al mismo.

b. Caliente el acero hasta que alcance el rango de temperatura amarillo.

c. Una vez que alcance la temperatura, use sus pinzas para sacar el acero. Ahora vas a sostener el acero en el yunque. Sosténgalo de manera que el futuro filo de corte del cuchillo quede hacia abajo.

d. Golpea la esquina superior en un ángulo de 45°. Esto se debe a que vamos a empezar con el punto de caída de la cuchilla, que es una forma fácil de crear la punta de la cuchilla. Al golpear, notará que el acero se está multiplicando. Cuando vea que esto sucede, coloque el acero en sus lados y martillee hasta que desaparezca la forma de hongo.

Figura 6: Forjar el cuchillo correcto se trata de paciencia y comprensión cuidadosa de la técnica.

1. Vuelva a la posición anterior y continúe martillando el acero en un ángulo de 45°.
2. Siga repitiendo este proceso hasta que tenga lo que parece ser el perfil de la punta del cuchillo.
3. Actualmente, la punta o punta del cuchillo se posicionará más hacia donde debe estar el filo del cuchillo. Esta punta cambiará de posición a medida que continúe moviendo el metal, moviéndose desde la parte inferior de la cuchilla hacia la parte superior. La tendencia natural del metal es alejar las cosas a medida que se adelgaza, por lo que, a medida que se comienza a trabajar en el borde, esta punta o punto terminará subiendo hasta

la parte superior de la cuchilla, más cerca del nivel de el lomo de la cuchilla.

Así que si empiezas a preocuparte de por qué tu punto no está en la posición correcta, ¡no lo hagas! Todavía nos quedan muchos pasos por delante.

4. Así que volvamos al cuchillo. Ahora vamos a trabajar en el filo del cuchillo.

5. Mira tu acero de nuevo y decide cuánto tiempo quieres que dure el filo de tu cuchillo. Esto se basa en la longitud total de la cuchilla del cuchillo. Así que deberías haberla colocado en cualquier lugar entre 3¼ pulgadas y 4 pulgadas de largo.

6. Una vez que haya decidido la longitud del cuchillo, caliéntelo de nuevo hasta que alcance el rango de temperatura amarillo.

7. Aquí hay un truco que puede utilizar para hacer una marca en la cuchilla para que usted sepa dónde comienza la cuchilla del cuchillo. Sostenga la cuchilla sobre el borde del yunque y golpee uno de sus lados (el lado del eje de la cuchilla) con el martillo para hacer una pequeña marca en el lado del filo de la cuchilla. Esta marca le permitirá saber de dónde proviene el mango de la cuchilla (asegúrese de que está usando sus medidas para decidir dónde debe estar esta marca). Usted puede elegir quitar esta marca más tarde durante el proceso de forja (esto sucede mientras trabaja sobre el metal) o alternativamente, muchos creadores de cuchillos hacen la hendidura más profunda y hacen un choil fuera de ella. Por ahora, nos vamos a centrar en cómo hacer un cuchillo básico sin el choil.

8. Ahora que conoces el límite. ¡Es hora de martillar y hacer que se vea bien!

9. **Consejo:** Use un poco de agua en el yunque. Esto ayudará a eliminar la escala de la cuchilla con cada golpe de martillo.

10. Sosteniendo el acero plano sobre el yunque, golpee a lo largo del borde. Voltee el metal y martille en la misma parte desde el otro lado. Esto hará que el metal aquí se adelgace y comenzará a crear los biseles de su cuchillo. Observe cómo, a medida que adelgaza el filo, la punta comenzará a moverse lentamente hacia el lado del lomo del cuchillo. Esto significa que usted va a llevar el punto al lugar apropiado.

11. A medida que avance con su filo, mantenga un ojo en la forma general. Además de mantener la planitud total, tendrá que trabajar para mantener el lomo de su cuchilla recta también. Cuando note que está perdiendo su rectitud, voltee la cuchilla sobre su borde para que el lomo esté sobre el yunque. Ahora martille el lomo hasta que vea que se vuelve recta. ¿Pero esto no afectará también al borde? Por supuesto que lo hará. En ese caso, voltee la cuchilla hacia su lado y martille el borde de nuevo a su forma correcta. Usted necesita corregir constantemente las formas de cualquiera de las partes de la cuchilla.

12. A medida que siga trabajando en el metal, notará que adquirirá una forma áspera. No tienes que trabajar hasta que el borde esté realmente afilado. Todo lo que usted está haciendo es obtener un bosquejo aproximado de la cuchilla final en la que va a trabajar.

13. Una vez que tenga una forma áspera, cambie su atención al área del mango, o espiga. Sostenga la cuchilla en su

borde, con el lado del lomo en el yunque.

14. Empiece a martillar el cuchillo desde la parte donde comienza la hendidura (la que usó para marcar el comienzo de la cuchilla). Una vez más, martille el lado de la cuchilla para eliminar el efecto de hongo que el metal gana durante el proceso. Antes de trabajar en la espiga, el borde y la espiga parecerán estar conectados. Una vez que empiece a martillar el cuchillo, la espiga formará una forma de mango y el metal se estrechará.

15. A estas alturas, ya debería poder ver la forma completa de su cuchillo comenzando a formarse. Usa las técnicas que has aprendido para tratar de concentrarte en las áreas que muestran errores y refinar aún más el perfil de tu cuchillo. No hay sustituto para el tiempo y el aprendizaje de tus errores, así que no tengas miedo si los cometes. Cada error es una oportunidad para aprender.

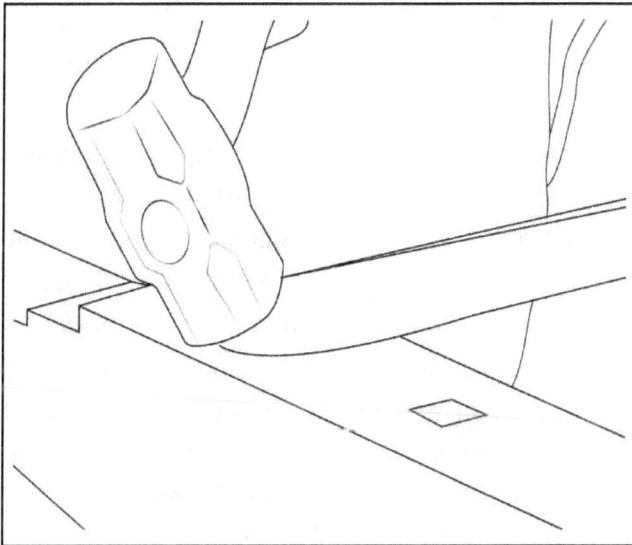

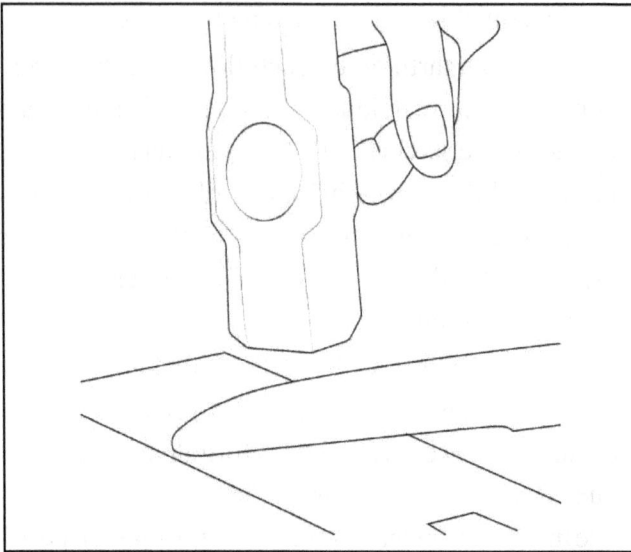

Figura 7 y 8: Golpee el acero en las esquinas para
desarrollar el punto

16. Una vez que haya completado el perfil de su cuchillo y esté satisfecho con los resultados, pasemos a hacer agujeros en la espiga.

17. Ya ha visto cómo se pueden hacer agujeros con el taladro. Pero ya que tu cuchillo está caliente, ¿cómo puedes crear estos agujeros ahora mismo? Lo que haces es usar una técnica llamada el golpe caliente. ¿Cómo funciona el sistema? Vamos a averiguarlo.

18. La primera cosa que usted va a querer hacer es conseguir un golpe caliente, que es como un pedazo puntiagudo y alargado de acero. Mire el extremo puntiagudo del punzón en caliente y compruebe lo estrecho o ancho que es. Esto le permitirá saber cuán grande será el agujero en la espiga.

19. Cuando esté listo, caliente la espiga del cuchillo hasta que alcance el rango amarillo de temperatura. Una vez que la temperatura sea correcta, coloque el cuchillo en el yunque. Enfóquese en dónde le gustaría crear un agujero en la espiga. Coloque el punzón caliente encima de esa posición y golpéelo unas cuantas veces. Voltee el cuchillo con las pinzas y podrá notar una pequeña mancha oscura donde el punzón golpeó el cuchillo en el otro lado. Coloca el punzón sobre este punto oscuro y golpéalo con el martillo. Continúe este proceso hasta que literalmente `perfore' la pieza de metal de la espiga y cree un agujero. Asegúrese de sacar el punzón caliente rápidamente después del martilleo, para que no se atasque en el agujero y se una con el cuchillo.

20. Repita este paso con el resto de los agujeros que desee crear en la cuchilla.

21. En este punto, puede que note que su cuchillo puede tener algo de sarro. Diríjase a la afiladora y retire las escamas (también puede utilizar el método del vinagre blanco, pero en este punto, las escamas no serán demasiado difíciles de quitar).

22. Una vez que hayamos logrado todo eso, es hora de pasar al siguiente paso: ¡afilar los biseles!

CAPÍTULO 5: ESMERILADO O AFILADO DE LAS LÍNEAS DE BISELADO CORRECTAS

Ahora que ya está hecho el corte del cuchillo, es hora de empezar a rectificar afilar o esmerilar, cualquiera de esos términos es correcto. Después de que el perfil de su cuchillo sea refinado, usted estará removiendo capas de material del cuchillo para crear biseles. Estos formarán un ángulo que hace que el filo de tu cuchillo sea el filo final.

Se podría decir que este es el momento decisivo en el que conviertes tu pieza de acero en un cuchillo. ¿Suena emocionante? Bueno, empecemos. Pero antes de eso, debemos entender un poco más acerca de la afilada.

Hay una variedad de herramientas y técnicas que puede utilizar para crear estos molinos, y su elección dependerá de su propia experiencia y preferencia. Los cuchilleros profesionales hacen que este paso parezca fácil, pero se necesita mucha práctica para desarrollar su nivel de comodidad y habilidad. El truco es ir despacio, ser paciente con uno mismo, y poner mucho tiempo detrás del afilador.

Antes de empezar a hacer los ángulos, asegúrese de que el perfil de la cuchilla esté bien ajustado. Puede retirar cualquier pieza grande de acero fuera de su diseño con una sierra de arco, una sierra de cinta o la rueda de corte de una afiladora angular. Si trabajó la cuchilla en la forja, vuelva a visitar la plantilla y vuelva a trazar la línea de bisel. Utilice una lijadora de banda, limas o afiladora angular para eliminar todo el material que no formará parte de la forma final de su cuchillo.

Un esmerilado de calidad en un cuchillo se produce no sólo con una gran técnica, sino con una comprensión básica de la geometría de la cuchilla. Una buena cuchilla tiene un equilibrio adecuado entre la resistencia general, la nitidez y la retención de bordes adecuada para el uso al que está destinada. Desafortunadamente, no hay una talla única de afilado de cuchillos. Entender qué factores afectan el rendimiento de su cuchilla le ayudará a elegir el mejor desbaste para su cuchilla y le permitirá tener un objetivo específico en mente.

Lo primero que notará es que hay diferentes tipos de esmerilado que puede utilizar para su cuchilla. Aquí están las más populares:

Esmerilado Plano Completo

Esta afilada se hace en forma de V y trabaja consistentemente desde el lomo hasta el borde. Crea un buen equilibrio entre la capacidad de corte y la resistencia. Aunque es un esmerilado muy agudo, puede desafilarse rápidamente, pero es fácil de afilar. Este diseño es estándar en los cuchillos de cocina.

Afilada Escandinava

A menudo utilizado en la fabricación de cuchillos de artesanía, la afilada escandinava -o afilada Scandi para abreviar- es una afilada plana que comienza por debajo del punto medio de la cuchilla. Al dejar mucho material en el lomo de la cuchilla, esta afilada puede maximizar la durabilidad de su cuchillo. La falta de un bisel secundario significa que el ángulo bajo creará un borde afilado. Aunque el borde no es tan resistente como otros esmerilados que ofrecen un bisel secundario, hace que sea muy fácil de afilar en el campo, incluso para un principiante. Es una excelente afilada para tallar.

La ubicación del bisel hace que sea fácil ver lo que se está haciendo, y una cuchilla con un esmerilado Scandi podrá cortar la mayoría de las piezas de madera con relativa facilidad.

Scandi

Afilado de sable

El afilado del sable es un afilado plano que comienza en la mitad de la cuchilla. Aunque no es tan bueno para tallar, tiende a cortar un poco mejor. A diferencia del Scandi, el esmerilado del sable suele tener un bisel secundario.

Sabre Grind

Afilada hueca

En este esmerilado, los biseles se curvan para formar un borde delgado y muy afilado. Este borde tiende a no ser tan duradero como otros esmerilados, y tiende a necesitar muchos retoques para mantenerse afilado. Este borde puede ser un poco más difícil de afilar como un cuchillo, pero el borde creado no es difícil de volver a afilar.

El increíble filo de una afilada hueca la convierte en la mejor opción para navajas de afeitar y cuchillos de caza. Tiende a atarse en la parte superior del hueco cuando se corta a través de materiales como el cartón y no es tan adecuado para ser un cuchillo utilitario como otros estilos de afilado.

Full
Hollow
Grind

Afilada convexa

Una afilada convexa es una afilada redondeada que se enfoca en el borde. La masa detrás del borde aumenta la durabilidad del borde, y puede ser bastante agudo. Esta forma de afilar se utiliza a menudo en hachas, machetes o picadoras.

Convex
Grind

Afilado de cincel

En un desbaste de cinceles, un lado del filo de corte tiene un desbaste plano, mientras que el otro no tiene un desbaste biselado. Debido al ángulo poco profundo de la cuchilla, el afilado de un cincel hace que el borde sea increíblemente afilado. Este ángulo agudo también significa que el borde no tiene la mejor durabilidad y necesita ser mantenido continuamente. Las afiladas de cincel son comúnmente usadas en la preparación de alimentos, así como en el trabajo de la madera, ya que el bisel hace que sea fácil seguir el grano de la madera. Puede ser ligeramente impreciso al cortar, debido a que el borde está descentrado. Los cuchillos hechos con este esmerilado a menudo son cuchillas para diestros o cuchillas para zurdos, dependiendo del lado en el que se encuentre el bisel.

Chisel
Grind

Figuras 9 a 13: Diferentes esmerilados y sus perfiles

Una nota antes de afilar

Cuando pasas más tiempo moliendo, desarrollas una comprensión instintiva de cómo tu cuerpo necesita moverse para obtener los resultados que deseas. Definitivamente hay una curva de aprendizaje, así que ten paciencia contigo mismo. Con un poco más de tiempo, no necesitará pensar en sus movimientos tanto como cuando está empezando.

El desarrollo de su estilo de afilar se basa en la consistencia, así que elimine las molestias. Párese con una postura ligeramente ancha pero cómoda para obtener una base estable. Mantenga los codos pegados a los costados y fíjelos en las caderas. En lugar de usar los brazos para mover la cuchilla, muévase desde el centro. Cambie su peso constantemente en sus caderas y piense en usar movimientos controlados y calculados. Al trabajar para crear un patrón en su movimiento, usted encontrará un ritmo cómodo que hará que el afilar sea mucho más predecible.

Por último, asegúrese de que no asume ningún riesgo sustancial. Sea paciente con su trabajo y asegúrese de que se sienta cómodo entendiendo los conceptos básicos del proceso de afilado.

Creación de una afilada

Trabajemos con la técnica de afilado de Scandi y luego podrá utilizar las mismas ideas para las otras afiladas:

- Lo primero que hay que hacer es crear el contorno biselado en el metal. Para hacer esto, tome un marcador permanente y luego encuentre la línea central de su filo de corte.

- Marque ese contorno. Si lo desea, puede incluso colorear todo el borde de la cuchilla con el marcador.

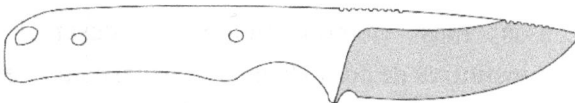

Figura 14: Marque toda el área que desea afilar

- La siguiente parte es un poco complicada, así que asegúrese de leer esta instrucción cuidadosamente antes de ponerla en práctica. Tome un taladro de mano (o escriba) cerca del contorno de su cuchilla (cerca del centro) y deslícelo a lo largo de la superficie plana, arrastrando la punta a lo largo del borde de la cuchilla.
  - o Imaginemos que está creando un cuchillo de 2 pulgadas de ancho. Usted ha decidido dibujar el contorno en la marca de 1 pulgada.

- o Va a utilizar el taladro para crear una línea justo debajo del contorno (este proceso se denomina trazado), lo que le permitirá ver dónde desea que se encuentren los biseles. Voltea la cuchilla y haz lo mismo de nuevo.
- o Ahora puede marcar el contorno biselado en la cuchilla.
- o Alternativamente, puede usar sólo el contorno para el propósito, pero al crear una marca, tiene una mejor idea de dónde debe comenzar el bisel.
- o Este paso asegura que las afiladas sean simétricas y más resistentes a la deformación después del tratamiento térmico.

- Ahora vamos a llevar el cuchillo a la esmeriladora. Si su esmeriladora no tiene una correa nueva, entonces podría ser el momento de comprar una. Esto se debe a que los cinturones viejos se calientan más rápido. Sin embargo, usted todavía puede trabajar usando un cinturón viejo, ya que le enseñará los efectos del sobrecalentamiento y cuándo debe retirar la cuchilla del cinturón. En cuanto al grano de la correa, puede utilizar una correa de 50 de grosor para este propósito.

- Lleve el acero hacia el cinturón. Suavemente deje que el acero encuentre el punto que ha creado para el borde y comience a mover el acero suavemente hacia los lados. No es necesario ejercer una gran presión sobre la cuchilla; muévala y deje que el cinturón haga su trabajo.

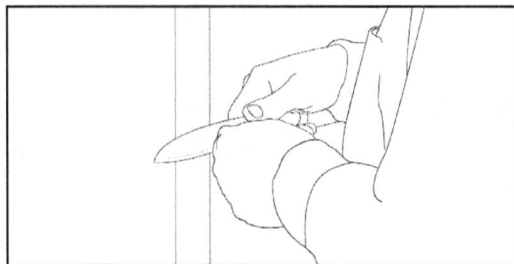

Figura 15: Esmerilado lateral

- Cada vez que retire el acero de la esmeriladora, evalúe la cantidad de material que necesita para despegar y repita el proceso. Siempre debe tener una idea clara de esto antes de volver a esmerilar. Muchos cuchilleros cometen el error de volver a esmerilar sin pensarlo dos veces, y terminan sacando demasiado material o ensuciando las líneas de afilado.

- No enfoque sólo en un lado. Siga volteando el cuchillo para que las líneas de afilado queden uniformes.

- Deje que el esmerilado pase a través de toda la longitud del filo de corte, desde la punta hasta justo antes del punto donde termina el contorno y comienza la espiga.

- Cambie de lado cada pocos pasos para mantener las líneas de afilado uniformes.

  o Algunos fabricantes de cuchillos comienzan en el extremo del contorno y se dirigen hacia la punta del cuchillo. Otros fabricantes hacen todo lo contrario, empezando desde la punta y moviéndose a lo largo del cuchillo hacia la espiga. No hay un camino correcto o incorrecto aquí.

  o Intente trabajar la cuchilla en ambos sentidos y vea cuál prefiere. Recuerde, se le permite cometer tantos errores como sea posible. Una vez que encuentre el método que le resulte más cómodo, le resultará más fácil en futuras afiladas. ¡Pero la única manera de descubrir el punto de confort es experimentando con diferentes formas de afilado!

- Otro consejo importante a recordar en este punto: mantenga una presión uniforme sobre la cuchilla y mantenga el acero en movimiento. Compruebe su progreso cada cierto tiempo. Pero no se sienta tentado de detenerse y revisar cada pocos segundos, ya que esto podría causar que el proceso de afilado le dé una línea entrecortada.

- Continúe trabajando su proceso de afilado cada vez más alto hacia el lomo. Cada pasada debe ser un poco más alta que la anterior. Las líneas de afilado deben ser lo más rectas posible.

- Si nota que su línea se vuelve ondulada, intente comprobar la cantidad de presión que está ejerciendo sobre la cuchilla e intente mantenerla constante.

- Si encuentra que un área específica tiene menos material retirado, intente disminuir la velocidad en esos puntos altos y ejercer más presión en el otro lado de la cuchilla.

- Trabaje lentamente en la cuchilla para que pueda mantener las cosas uniformes en ambos lados del cuchillo.

- Aquí hay un consejo que puedes usar si no te importa gastar un poco en diferentes grosores para tu esmeriladora.

  o Comience con una cinta de 50 de grosor y complete el proceso de esmerilado hasta el paso anterior.

  o Una vez hecho esto, cambie su correa de 50 por una

de 120 y coloree en la superficie del suelo con un marcador permanente de nuevo. Lleve su cuchilla de vuelta a la esmeriladora y comience a pulir su cuchillo con el grano más fino.

o Continúe trabajando hasta que el marcador esté completamente retirado y luego repita el proceso con una lija de 220.

o Este proceso de limpieza del esmerilado no se trata sólo de la estética de la cuchilla, sino que es una medida de precaución que se toma para evitar que la cuchilla se agriete o se deforme en el tratamiento térmico.

o Cualquier ranura profunda, arañazos o bordes afilados serán susceptibles de agrietarse en el templado debido a la tensión creada por este proceso. Como ventaja adicional, esto probablemente hará que la cuchilla sea más fácil de limpiar después del proceso de tratamiento térmico.

El "hollow ground Edge" o el borde hueco

El borde especial tiene un borde cóncavo. Esta forma de borde se adapta bien a las cuchillas que se utilizarán principalmente para el corte en rodajas. Ejemplos de tales cuchillas incluyen peladoras, cazadores, cuchillos para filetes, etc.

La razón principal por la que el filo hueco es adecuado para este tipo de cuchillos es el hecho de que produce un filo muy fino que se puede afilar con facilidad. Sin embargo, debido a este filo delgado, la cuchilla puede ser algo frágil en comparación con otras formas de esmerilado. Por eso no es prudente hacer un borde hueco si va a utilizar su cuchilla contra sustancias más pesadas como hueso, madera o materiales con un grosor similar. Un hecho importante a saber aquí es que la mayoría de las cuchillas producidas en todo el mundo hoy de este tipo. ¡Puede ser porque no hay mucha gente que quiera cortar hueso o materiales más gruesos!

Así es como se puede lograr una afilada hueca. Siga los pasos del proceso para el borde de Scandi hasta llegar a la parte en la que comienza a afilar. El proceso será un poco diferente para la afilada de Scandi.

- Tome la cuchilla y lleve lentamente el borde a la superficie de la rueda de la correa.
- Ahora ponga en marcha la rueda de la cinta y deje que se forme el filo. Voltee el cuchillo y luego trabaje en el otro lado. Esto es esencialmente lo básico del borde hueco de la afiladora. Para los principiantes, conseguir la afilada perfecta puede no ser fácil. Sin embargo, con la práctica, usted debería ser capaz de obtener la ventaja que necesita.

La afilada plana

La afilada plana crea un buen equilibrio entre la afilada hueca y la afilada convexa. Una de las principales ventajas que ofrece es que, dado que se basa tanto en la afilada hueca como en la afilada convexa, tiene un borde excelente que puede soportar la mayor parte de los cortes pesados. Además, incluso después de varias sesiones de corte, puede conservar su filo.

- La afilada plana es similar a la afilada hueca, pero es más fácil de realizar. Esto se debe a que no está enfocándose sólo en el borde, sino en toda la cuchilla.

- Su técnica implica un proceso similar a la afilada hueca. Acerque el borde a la afilada o a la banda.
- Cuando el borde esté afilado, continúe trabajando en la cuchilla hacia el lomo.
- Una vez que haya terminado, debe notar una pendiente lineal que comienza desde el borde y llega hasta el lomo.

La afilada convexa

Un borde convexo es cuando la cuchilla tiene un bisel en cada lado que es ligeramente curvado. Se dice que los bordes convexos son bastante difíciles de conseguir a mano. La forma ideal de trabajar con estas afiladas es utilizando una lijadora de cinta. He aquí cómo puede crear este esmerilado en su cuchillo.

- Para los bordes convexos, primero vamos a asegurarnos de que dejamos un poco de grosor en el borde porque no queremos que se adelgace demasiado.
- Para empezar, primero hay que lijar el borde.
- Una vez que haya terminado el esmerilado plano, debe utilizar una cinta de esmerilado de 60 pulgadas. Usted necesita sostener el cuchillo en un ángulo leve, pero no demasiado porque necesita que los lados de la cuchilla toquen la correa.

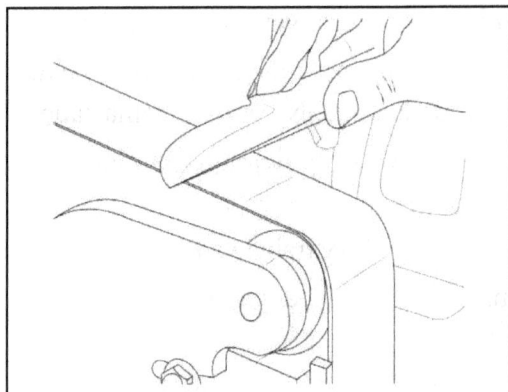

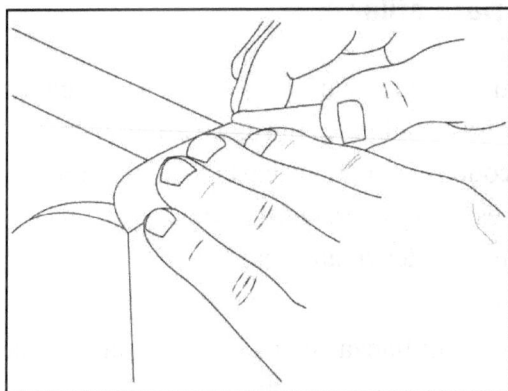

Figura 16 y 17: El lijado en la parte superior de la
lijadora de banda ayuda

- Con ese ángulo, lleve el lado de la cuchilla a la cinta y
  luego comience a lijar.
- Mientras afile, debe mover el cuchillo hacia adelante y
  hacia atrás un poco a lo largo del borde. Empiece a hacer
  esto de un lado y luego voltee el cuchillo. Continúe
  afilando la cuchilla por el otro lado en ángulo.
- Voltee el cuchillo cada dos rotaciones de la afilada.
- Una vez que haya completado el esmerilado, ahora

tendrá una forma convexa a lo largo del lado del cuchillo.

- Ahora nos concentramos en el borde. Toque ligeramente el borde de la cinta. No apriete demasiado.
- Mueva el cuchillo y deje que la cinta forme un bonito borde convexo.
- Voltee el cuchillo y trabaje en el borde desde el otro lado.
- Eventualmente, usted va a lograr un borde convexo agradable.

Consejos para afilar

- Siempre recuerde usar sus caderas en lugar de su muñeca mientras cambia las líneas de afilado. Trate de mantener los codos cerca de los costados, los hombros hacia atrás y el estómago apretado. Todos estos sencillos ajustes le permitirán tener un mejor control sobre su proceso de afilado.
- Tenga confianza cerca del afilador. Mantenga sus movimientos controlados y estables. Como ya hemos visto, no intente presionar demasiado fuerte contra el afilador.

  ¿Qué tan delgado debe ser el borde?

He aquí una pregunta común que muchos cuchilleros se encuentran: ¿cuán delgado o grueso debe ser el filo de la navaja? Lo que debe buscar es el propósito del cuchillo.

La regla general es que las cuchillas más gruesas se utilizan para cortar materiales más duros. Puede usarlos para cortar madera o pelar animales de caza. Por otro lado, se utiliza un cuchillo más delgado para cortar, como los cuchillos de cocina.

¿Qué tan grueso o delgado debe ser el filo de tu cuchillo? Bueno, si lo estás usando con fines de caza, entonces deberías hacer que tenga un grosor de 1,5 mm. Si tiene la intención de cortar a través de las cosas y necesita el filo correcto para ello, entonces el filo de su cuchillo debe ser de aproximadamente 0,3 mm.

CAPÍTULO 6: TRATAMIENTO TÉRMICO

Esencialmente, ningún material o producto terminado puede ser fabricado sin enviarlo a través del proceso de tratamiento térmico. En este proceso, un metal en particular se calienta a alta temperatura y luego se enfría bajo condiciones específicas para mejorar sus características, estabilidad y rendimiento.

A través del tratamiento térmico, usted puede ablandar un metal, lo que permite que el metal se vuelva más flexible. También puede utilizar un tratamiento térmico para endurecer los metales, lo que garantiza una mayor resistencia.

El tratamiento térmico es esencial si usted está en el negocio de la fabricación de piezas para automóviles, aviones, computadoras, maquinaria pesada y herramientas. En otras palabras, si desea construir algo importante, entonces necesita someter el material a un tratamiento térmico.

El hierro, y más concretamente el acero, son los materiales más comunes que pasan por un tratamiento térmico. Sin embargo, esto no significa que otros materiales no puedan ser tratados con calor. Por otros materiales, nos referimos a su cuchillo.

En resumen, este proceso es muy importante, y vas a aprender a usarlo. Pero lo más importante es que examinemos cada proceso y tratemos de entender lo que significa.

Templado

Uno de los procesos de tratamiento térmico se llama templado. En este proceso, básicamente se están alterando los atributos mecánicos (generalmente la flexibilidad y la resistencia) del acero o de los productos y artículos hechos de acero. El templado libera las moléculas de carbono confinadas en el acero para que se difundan desde la martensita. La martensita es una forma de una estructura cristalina que consiste en carbono quebradizo que existe en el acero endurecido. Debido a las características de la martensita, el acero puede ser duro, pero también se vuelve quebradizo, haciéndolo inútil en la mayoría de las aplicaciones.

El templado permite que las tensiones internas que pueden haberse formado debido a usos anteriores se descarguen del acero. Esto hace que la aleación sea más duradera.

Entonces, ¿cómo se puede templar el acero? En primer lugar, el acero se calienta a alta temperatura, pero no se permite que se caliente más allá de su punto de fusión. Una vez hecho esto, se enfría en el aire. No hay una temperatura fija para todas las formas de acero. Cada uno de ellos tiene su propio rango de temperatura que debe ser alcanzado primero.

Al templar el acero, es importante calentarlo gradualmente hasta que alcance la temperatura con la que le gustaría trabajar. Esto evita que el metal se agriete.

Recocido

El recocido es otro proceso de tratamiento térmico, centrado en ablandar el acero o reducir la dureza del material. Esto se hace para que sea más fácil mecanizar el acero.

En este proceso, el metal se calienta a una temperatura templada donde es posible lograr la recristalización. Esto significa que los nuevos granos no deformados toman las posiciones de los granos deformados. ¿Y qué son exactamente los granos? En metalurgia, cada grano es un único cristal que consiste en un arreglo específico de átomos. Cuando usted tiene granos deformados, entonces no puede trabajar en el metal sin causar más deformidad. En este caso, la deformidad aparece en forma de grietas. Cuando se realiza el proceso de recocido, se están formando nuevos granos, lo que significa que se está permitiendo trabajar de nuevo sobre el metal.

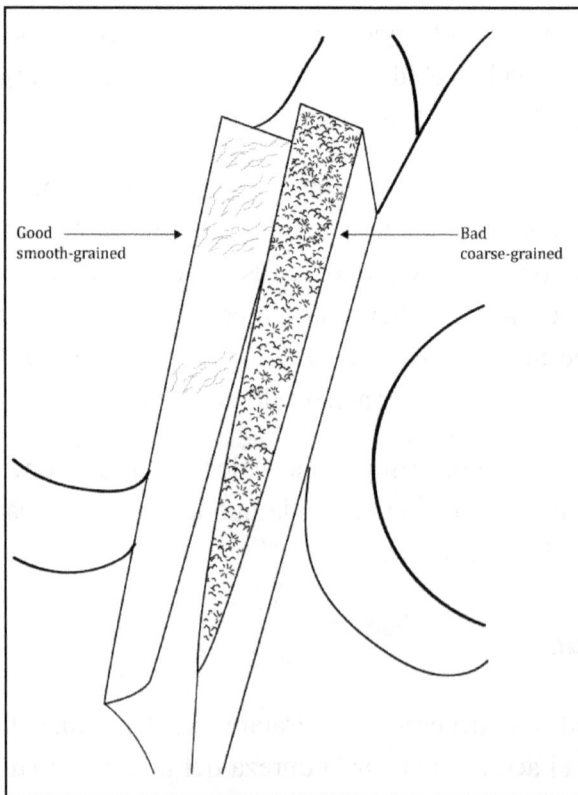

Figura 18: Grano bueno vs. Grano malo

Normalización

Durante la normalización, se está refinando el tamaño del grano en el metal. Después de la normalización, se mejoran las propiedades mecánicas del metal.

La normalización establece una uniformidad en la estructura de los granos en el metal. Después de lograr la uniformidad, se ha reducido el grado de deformidad del metal. Esto le permite obtener un acabado suave y un producto maravilloso al final.

La normalización se utiliza usualmente para eliminar las tensiones acumuladas en el interior de una pieza de acero y devolverla a su estado inicial.

En el proceso de normalización, el acero se calienta a alta temperatura y luego se enfría dejando el metal a temperatura ambiente. Este proceso de calentar rápidamente el metal y luego enfriarlo lentamente hace cambios en la microestructura de la aleación, haciéndola elástica y duradera. La normalización es casi como un proceso de corrección. Esto se debe a que se utiliza típicamente cuando algún otro proceso involuntariamente aumenta la dureza, pero disminuye la maleabilidad del metal. Lo que hace que la normalización sea diferente de otros métodos como el recocido es que utiliza la temperatura ambiente para enfriar el metal, en lugar de cualquier medio o técnica especial.

Tratamiento térmico para acero 1084

El 1084 tiene una composición de manganeso algo más alta que otros aceros al carbono de la categoría 10XX. Debido a que es un acero relativamente fácil de trabajar, hace que el 1084 sea un acero ideal para los principiantes que quieren empezar su aventura en la fabricación de espadas. Le da suficiente espacio para cometer errores cuando se trata del tratamiento térmico. Se sabe que forma una estructura casi completa de 'perlita' cuando se somete a procesos de recocido y normalización. La perlita es una estructura que presenta capas alternas.

Además, 1084 contiene casi un 0,84% de carbono (que está representado por el 84 en 1084) y se sabe que produce un cuchillo de buena calidad con un buen filo. A continuación, se muestra la secuencia de trabajo completa para el acero 1084.

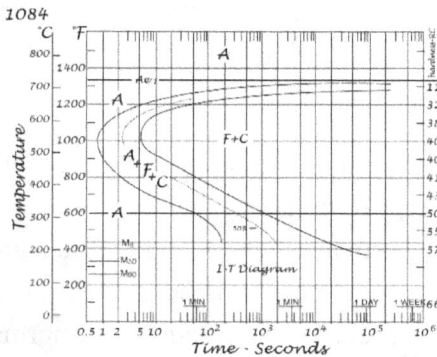

Figura 19: Gráfico TTT de acero 1084 (dureza versus temperatura versus tiempo)

Forja

Empiece por forjar utilizando los pasos mencionados en el Capítulo 4. Una vez que haya forjado el cuchillo, puede pasar al tratamiento térmico, comenzando con el proceso de recocido.

Normalización

Para el proceso de normalización, se calienta el metal a 1600°F en una forja. No intente trabajar sobre el metal por debajo de los 1500°F. Una vez alcanzada la temperatura, remoje el metal a la misma temperatura durante unos cuatro minutos.

Después de cuatro minutos, deje que el metal se enfríe en aire quieto. Cuando se normaliza el acero, se está reajustando la estructura cristalina. A través de este restablecimiento, usted está distribuyendo los carburos de tal manera que se vuelven uniformes.

Cuando se trabaja con acero, el hecho de tener una estructura irregular afecta su calidad. Por eso, si no se restablece la estructura, los carburos tienden a agruparse fuertemente. Debido a esto, el acero no tendrá el filo uniforme que podría haber tenido.

Recocido

En el proceso de recocido, se comienza por calentar el metal a 1500°F. Entonces tienes que enfriar el metal, pero debes evitar enfriarlo demasiado rápido. Debe asegurarse de que el metal se enfríe a una velocidad de 50°F por hora o menos. Yo no recomendaría bajar de 45°F para este propósito.

Consejo: En muchos casos, los fabricantes de cuchillos utilizan una estrategia de enfriamiento nocturno. Para ello, se calienta el metal a la temperatura requerida de 1500°F al final del día. Asegúrese de que el último calor del día desaparezca lentamente cuando retire el metal de la forja. Una vez hecho esto, se enfría el metal en la forja durante la noche. Esto resulta útil cuando tiene que realizar otro trabajo, o puede que esté ocupado por la noche.

En este punto, usted puede realizar su proceso de mecanizado o esmerilado, si así lo desea.

Endurecimiento

Para ello, se calienta el acero a 1500°F. O puede apuntar a llevarlo más allá de su límite no magnético. En este caso, el límite es de alrededor de 1425°F.

Cuando se trabaja en la forja, hay que calentar el metal hasta que el metal no atraiga un imán hacia sí mismo. Cuando se ha alcanzado este estado, se calienta a una temperatura ligeramente superior. Esto es sólo para asegurarse de que realmente ha empujado el acero en el área no magnética.

Si usted sobrecalienta el acero manteniéndolo a temperaturas de 1550°F o más y apaga el metal, el metal podría formar granos.

Para entender por qué los granos causan daño, es importante entender primero más acerca de los granos mismos.

Todos conocemos la química básica; todos los metales están hechos de átomos. ¿Por qué es importante? Bueno, cuando tomas un metal, entonces están hechos de pequeños cristales de diferentes orientaciones, basados en el metal que estás usando. Estos cristales son lo que nosotros llaman granos. Cuando se examina un solo grano, se nota que los átomos están dispuestos en una orientación particular. Esta orientación particular se puede encontrar en cada uno de los granos de ese metal.

Inicialmente, los granos no causan ningún problema. Sin embargo, los granos tienden a aumentar y cuando lo hacen, comienzan a afectar la dureza de la cuchilla. Los granos más grandes promueven una base quebradiza, creando un cuchillo del que no se sentirá muy orgulloso.

Por lo tanto, la mejor manera de completar este proceso es calentándolo a su temperatura no metálica. Luego, manténgalo en la forja a esa temperatura durante un minuto. A continuación, retire el acero y apáguelo. Ciertas áreas del acero pueden requerir sólo 1 o 2 segundos de enfriamiento. Sin embargo, eso no significa que tenga que sacar el acero de la forja y sumergirlo rápidamente en líquido. ¡No haga eso! Créeme, es un peligro para la seguridad. Piénsalo de esta manera.

Sacas el metal. Tienes tanta prisa por batir la marca de los 2 segundos que tiras el petróleo al suelo. El metal cae, y hay una bengala bastante grande. Esa bengala atrapa los muebles u objetos cercanos que son inflamables. Bueno, ya sabes el resto.

No tengas prisa. El acero se aferra al calor y sobrevive durante unos segundos cuando se introduce en el aire. Tómelo con cuidado y colóquelo en el líquido para su enfriamiento. Esté preparado para enfrentar un pequeño brote junto con un alto nivel de humo.

Apagado

1084 no necesita un aceite de templado rápido. Puede utilizar aceite de canola para el templado 1084. Precaliente el aceite de canola a unos 135°F. Una vez hecho esto, apague el metal durante unos 10-15 segundos.

Templado

Si usted ha estado siguiendo las instrucciones, entonces su acero debe estar alrededor de 65RC. En este nivel, es bastante frágil, así que no lo deje caer. Podría romperse al golpear el suelo.

Tempering Temperature		Rockwell Hardness
ºC	ºF	HRC
149	300	65
177	350	63-64
204	400	60-61
232	450	57-58
260	500	55-56
288	550	53-54
316	600	52-53
343	650	50

Escala de dureza Rockwell para acero 1084 (Temperatura de templado a la izquierda, Dureza de Rockwell a la derecha)

Necesitamos reducir la dureza del acero a unos 59 HRC. Lleve el acero a temperatura ambiente y comience a templarlo una vez que alcance esa temperatura. Caliente el acero a un poco más de 400°F. Templar dos veces. Cada proceso de templado debe durar dos horas. Deje que el acero vuelva a la temperatura ambiente entre los dos procesos. Idealmente, su método debería seguir esta secuencia: templar durante dos horas, luego volver a la temperatura ambiente y luego volver a templar.

Tratamiento térmico para acero 1095

Trabajar con acero 1095 es bastante sencillo. Es un acero con un alto contenido de carbono, y se puede utilizar para forjar formas fácilmente. Tiene menos rastros de manganeso que otros aceros que forman parte de la serie 10XX (como el acero 1080). Sin embargo, la tasa comparativamente más alta de carbono significa que proporciona más carburo que se puede utilizar para proporcionar resistencia a las abrasiones. Sin embargo, esto también significa que debido al exceso de carbono, es posible que tenga que poner más cuidado durante el tratamiento térmico.

Si va a tratar térmicamente el acero 1095, le sugiero que tenga una forja con temperatura controlada.

Pero repasemos todos los pasos del proceso para que puedas entender lo que está sucediendo. A continuación, se muestra la secuencia de trabajo total para el acero 1095.

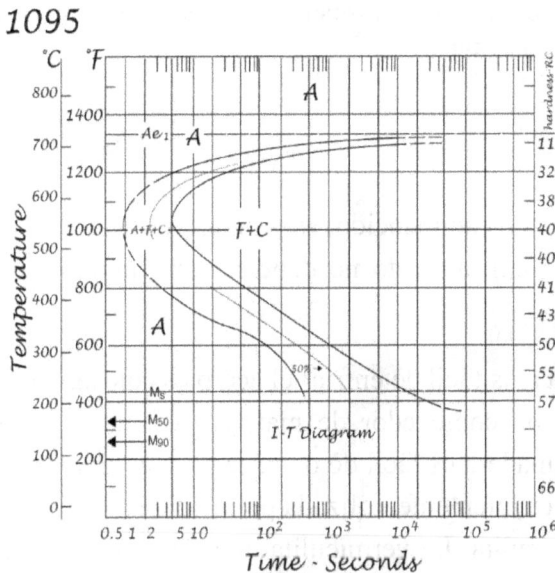

Figura 20: Gráfico TTT de acero 1095 (Temperatura versus dureza versus tiempo)

Forja

Primero comenzamos con el proceso de forja. Tome 1095 a través del proceso de forja que se mencionó anteriormente.

Normalización

Para normalizar el acero, hay que llevar la temperatura del metal a 1575°F. Dejar reposar el metal en el interior de la forja a esa temperatura precisa, durante 5 minutos. Una vez transcurridos los 5 minutos, deje que el metal se enfríe al aire hasta que alcance la temperatura ambiente.

Otra forma de normalizar es un poco difícil. Llegue a 1575°F y ahogue su forja para que escupa las llamas por la abertura y baje el gas. Debe mantener el mismo color en el interior que cuando alcanzó los 1575°F.

Recocido

Para el proceso de recocido, se empieza por calentar el metal a 1475°F. El enfriamiento no debe ser más rápido de 50°F por hora.

La manera más fácil de enfriar el acero es colocando la cuchilla dentro de un contenedor de material aislante e ignífugo. La ceniza de madera es fácil de obtener y es un gran aislante. Otra opción frecuentemente utilizada por los fabricantes de cuchillos es la vermiculita. La vermiculita es un mineral que se usa con frecuencia en la jardinería y se puede encontrar en cualquier tienda que venda artículos de jardinería.

También puede ir con la sugerencia de enfriarlo durante la noche. Hay que mantener el metal dentro de la forja para asegurarse de que el enfriamiento es completo.

En este punto, usted puede realizar su proceso de mecanizado o esmerilado.

Esmerilado y mecanizado del acero

En este punto se puede utilizar cualquiera de las técnicas de afilado mencionadas en el capítulo anterior.

Endurecimiento

Caliente a 1475°F, que es el nivel no magnético del cuchillo. También puede calentar justo después de esa temperatura, pero lo ideal es que no vaya más allá de esa temperatura. Como se explicó antes, este rango no magnético de la temperatura significa que un imán no se adhiere al metal. No sobrecaliente el acero más allá del rango de 1550°F. Después del calentamiento, pasar al proceso de enfriamiento.

Apagado

El acero 1095 requiere un aceite de templado rápido. Por esta razón, la opción más segura que puede elegir para el acero 1095 es un aceite especial de templado. Uno de los aceites más comunes en el mercado que recomiendo es el aceite de templado Parks 50. Parks 50 es un rápido enfriamiento y es casi tan rápido como el agua. Por esta razón, asegúrese de no afilar el cuchillo demasiado fino antes del tratamiento térmico. Para empezar, primero precaliente el aceite a 70-120°F. Ponga la cuchilla en el aceite durante unos 7-9 segundos, hasta que note que el silbido y las burbujas disminuyen. Una vez hecho esto, saque el cuchillo del aceite. También puede utilizar el aceite de templado fabricado por Maxim Oil.

Por último, puede utilizar aceite de canola, pero sólo si no puede conseguir Parks 50. Yo sólo recomiendo usarlo en stock 1095 delgado, hasta 1/8 de pulgada. Podrías hacerlo para ¼ pulgadas stock, pero yo no lo he hecho personalmente, así que no puedo decirte lo bien que funcionaría.

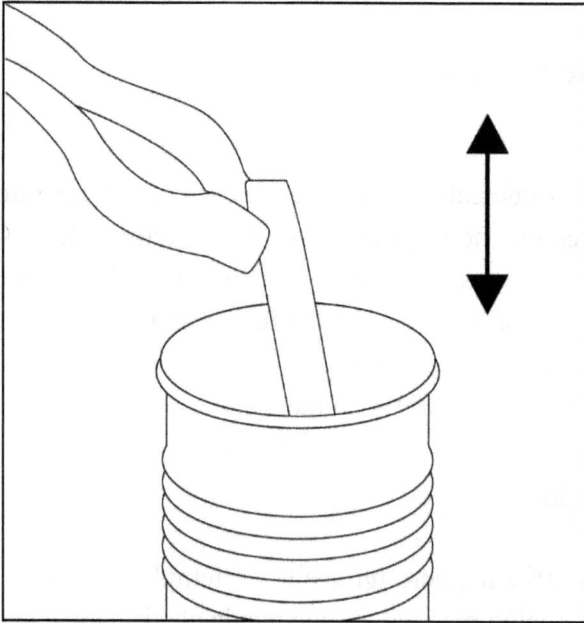

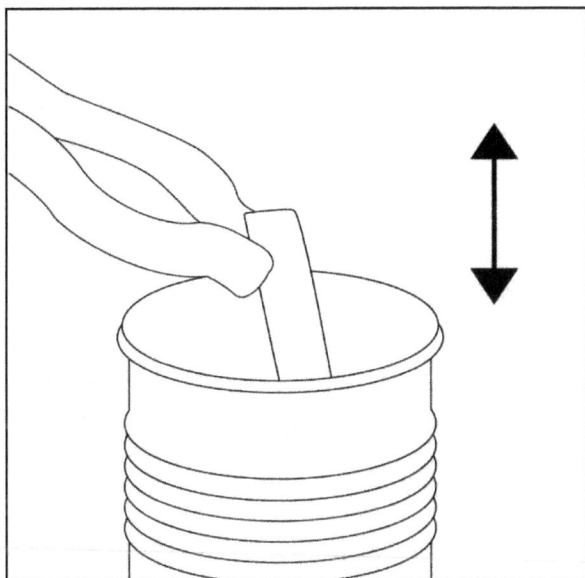

Figura 21 y 22: El movimiento de inmersión durante el
enfriamiento

Cuando se trata de aceite de canola, precaliente el aceite a 135°F.
Apague el cuchillo en el líquido durante unos 10-15 segundos.

Templado

El proceso de templado del acero 1095 es sencillo. Coloque el
acero en un horno y caliente el acero a 500°F. Estamos tratando
de lograr alrededor de 59-60 HRC.

Esto permitirá que la cuchilla tenga un buen rendimiento en la
mayoría de las situaciones. Sin embargo, no le recomendaría que
lo dejara. Puede que no lo destruyas por completo, pero puedes
hacer que aparezcan grietas. Templarlo dos veces durante dos
horas cada uno. Asegúrese de que está dejando que se enfríe.
Bájela a temperatura ambiente antes de volver a templarla.

Tratamiento criogénico

Ahora bien, este paso no es del todo necesario. Sin embargo, mejorará la calidad del acero con el que está trabajando. Si lo desea, puede omitir este paso por completo.

Remoje el acero en temperaturas que van de -90°F a -290°F. El medio que usted debe elegir para el crio-tratamiento debe ser nitrógeno líquido. Debe asegurarse de que ha introducido el metal en el tratamiento criogénico durante unas ocho horas. Para ello, puede incluso remojar el metal en nitrógeno líquido durante la noche.

Eliminación de imperfecciones, incrustaciones y deformaciones después del tratamiento térmico

Para eliminar cualquiera de las imperfecciones que aparecen en el cuchillo después del proceso de tratamiento térmico, debe llevar el cuchillo a la lijadora. En este punto, es especialmente importante no dejar que la cuchilla se caliente en el afilador y arruine el tratamiento térmico. Tenga un bidón de agua cerca de la afiladora y sumerja el acero con frecuencia. De esta manera, si siente que el cuchillo se está calentando demasiado, puede sumergirlo inmediatamente en el agua para enfriarlo.

Pero esta vez, hay una pequeña diferencia en la forma en que usted se acerca al molino. Por lo general, usted sostiene la cuchilla horizontalmente y luego afile cualquier material que aún esté en la cuchilla. Esta vez, sin embargo, usted sostendrá el cuchillo verticalmente y luego lo afilará.

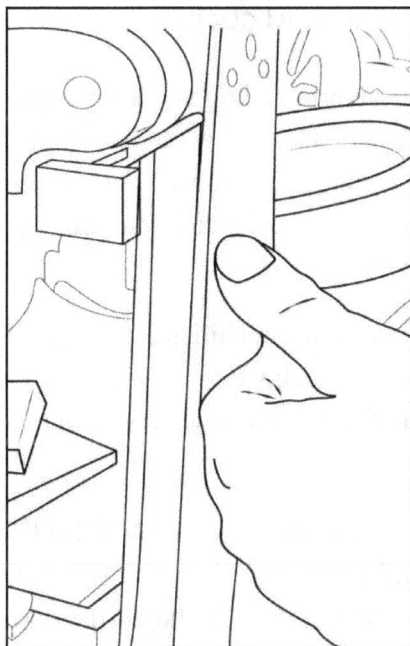

Figura 23: El lijado vertical es muy eficaz para eliminar las imperfecciones

Una de las cosas que usted notará es que el proceso de lijado podría no eliminar algunas de las marcas cerca del área de ricasso.

Para ello, no vuelva a la afiladora. Si puede, saque la correa y úsela manualmente para eliminar las imperfecciones y las incrustaciones. Lo que puedes hacer es usar un palo de madera largo. Pegue un extremo del cinturón en un extremo del palo de madera y el otro extremo del cinturón en el extremo opuesto del palo.

Lleve el cinturón improvisado al cuchillo y lije lentamente las manchas restantes que vea.

Aprendiendo a usar el cuchillo

Mientras que la mayoría de la gente asume que las cuchillas de mano son perfectamente rectas, la triste realidad es que la mayoría de las cuchillas no son rectas. De hecho, no sólo la mayoría de las cuchillas están dobladas, sino que muchas están retorcidas también.

Entonces, ¿por qué tantas cuchillas están lejos de ser rectas? La respuesta está en el hecho de que a la mayoría de la gente, incluidos los cuchilleros, no se les ha enseñado a examinar las cuchillas con cuidado.

¿Por qué es importante examinar la cuchilla? Esto se debe a que cuando se examina la cuchilla, se puede comprobar si hay defectos o anomalías que se le hayan pasado por alto antes. Típicamente, cuando su cuchilla está deformada, entonces usted podría notarlo fácilmente. Sin embargo, a veces, es posible que tenga que comprobar si hay una curva en su cuchillo, especialmente cuando no está claro si existe o no una curva.

Así es como se hace.

Ahora vamos a usar la idea de su ojo dominante y su ojo no dominante. Tu ojo dominante es el que usas para examinar algo. Por ejemplo, si quieres mirar un objeto, a menudo cierras un ojo y abres de par en par el otro. El ojo abierto es tu ojo dominante.

Empecemos con el diagnóstico del cuchillo.

Para diagnosticar la rectitud de una cuchilla, sosténgala de tal manera que el mango esté lo más lejos posible de usted. El filo del cuchillo debe estar hacia el suelo y la punta apuntando a su ojo dominante. El ojo no dominante está cerrado. La parte posterior, o lomo, del cuchillo debe estar a la vista. No sólo se puede examinar la rectitud de el lomo de esta manera, sino que también se puede examinar la rectitud desde la cuchilla hasta el extremo del mango. Algunas cuchillas son razonablemente rectas, sólo para doblarse ligeramente en algún punto de su cuerpo. La mayoría se doblará de una manera u otra.

A veces, cuando usted somete su cuchillo al proceso de tratamiento térmico, puede notar que se deforma.

La deformación ocurre por muchas razones. Aquí están algunas de las causas de esto:

- El tratamiento térmico de la cuchilla es un proceso delicado. Cuando se lo somete a todo ese calor, es posible que deba tener cuidado con la forma en que distribuye ese calor. A veces, cuando los herreros usan forja de carbón, a menudo olvidan clavar el cuchillo en el carbón en lugar de simplemente colocarlo encima de los carbones distribuidos.

- Durante el afilado, si todavía hay grietas y grietas en el cuchillo, esto puede causar que el calor se concentre en ciertas áreas, lo que puede causar que la cuchilla se deforme.

- Asegúrese de que no se ha saltado el proceso de templado o, para el caso, cualquier proceso mencionado en el tratamiento térmico de la cuchilla. Recuerde que el único tratamiento opcional es el crio-tratamiento. Todo lo demás es importante y debe seguirse en los pasos mencionados anteriormente.

- Trate de llevar sus metales lo más cerca posible del límite no magnético. Esto le permite trabajar mejor con el metal.

- No apague su cuchillo con un movimiento lateral. Si lo

hace, aumentará las posibilidades de deformar el cuchillo.

Ahora asumamos que tienes un cuchillo deformado. ¿Qué puede hacer en este caso? ¿Cómo puedes enderezar el metal?

El proceso es bastante simple.

Lo primero que hay que hacer es calentar la cuchilla a lo largo del lado convexo de la curva. Una vez hecho esto, puede martillar la cuchilla o desenroscarla (o puede hacer ambas cosas).

Veamos cada proceso.

Martilleo

- Cuando martille, trate de usar el peso de su martillo a su favor. Si te encuentras sujetando tu martillo con incomodidad, averigua cómo ponerte más cómodo.
- Encuentra un ritmo y golpea con tu martillo en vez de luchar contra él. Puede continuar martillando hasta que vea que la cuchilla se está enderezando. El dedo índice de la mano de apoyo se mantiene en el punto exacto para localizar el problema. La cuchilla desciende hasta el yunque o el banco de trabajo, con el lado convexo de la curva hacia arriba, sin retirar la punta del dedo de la cuchilla.
- Una rápida revisión visual confirma el punto exacto en la cuchilla donde el martillo golpeará. Cuando la mano dominante alcanza el martillo, la mano de apoyo rompe el contacto con la cuchilla para sostenerla por el mango en preparación para el próximo golpe de martillo.
- Un golpe más fuerte sigue a un golpe muy ligero para

confirmar la precisión de la técnica.

La cuchilla se vuelve a examinar para ver los resultados y se repite si es necesario. En esta técnica, el énfasis se pone en el diagnóstico adecuado más que en la técnica del martilleo.

Desenrollar

- También puede desenroscar el cuchillo. La mejor manera de lograr esto es usando abrazaderas para sostener el cuchillo correctamente mientras usted usa las pinzas para enderezar el cuchillo. Este proceso funciona para eliminar los dobleces no deseados fácilmente, pero podría requerir más fuerza de su parte.
- Otra forma de desenroscar el cuchillo es sujetándolo en un tornillo de banco. Usted tiene que asegurarse de que la porción de la cuchilla que ha incurrido en la curva se coloca en el centro del tornillo de banco (ya que esa es la parte que se va a torcer). Sujete el tornillo de banco con la mayor fuerza posible, esto ejercerá presión sobre el cuchillo y comenzará a enderezarse.
- Si la torsión es demasiado pequeña para su martillo, entonces puede usar una varilla de metal. Asegúrese de que la varilla sea lo suficientemente delgada para trabajar con la torsión que tiene. Coloque la cuchilla entre un tornillo de banco y sujétela con fuerza. Una vez hecho esto, coloque la varilla de manera que apunte a la torsión. Con el martillo, golpee suavemente la varilla hasta que pueda desenroscar la cuchilla.

CAPÍTULO 7: PROTECTOR DE DEDOS Y ALMOHADILLA

Refuerzo

Hacer refuerzos en cuchillos de espiga completa puede parecer intimidante para el principiante. Sin embargo, puede utilizar el siguiente proceso para hacer un cabezal para su cuchillo.

Hay muchos materiales que se pueden utilizar para hacer refuerzos. Sin embargo, el material recomendado para este propósito es la lata. Esto le permite hacer una almohada que es fuerte y robusta y que hace el trabajo bien. Además, se ve muy bien!

- Al comenzar, tendrá que hacer marcas para su almohadilla.

- La medición le permite centrar su atención en la forma general de la almohadilla y en cómo puede trabajar con ella durante la fase de corte. Puede utilizar un marcador permanente para dibujar el diseño de la pieza de lata. Para la plantilla de cuchillos que hemos utilizado, lo ideal es que utilice una almohadilla de 1 pulgada a 1 1/2 pulgada.

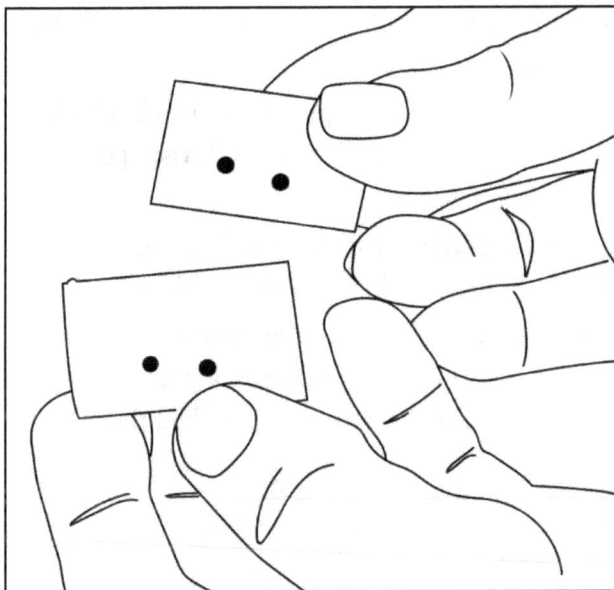

Figura 24: El aspecto que deben tener las
piezas de la almohadilla

- A continuación, utilice la afiladora angular o la sierra de arco y recorte la forma que desea.
- Ahora taladre los orificios de acuerdo con la plantilla. Si usted ha invertido en una prensa taladradora, entonces puede hacer uso de ella ya que le proporciona más precisión.
- Cuando haga una almohada, asegúrese de no usar una sola pieza de lata. Esto será difícil de añadir al cuchillo. Más bien, encuentre su diseño y cree dos piezas a partir de él. Se pueden fijar con abrazaderas en la cuchilla. Esto lo hace más fácil y usted podrá hacer ajustes fácilmente si es necesario.
- Una vez que tenga listo el collarín de 2 piezas, simplemente coloque una parte del collarín en la

cuchilla. Luego coloque la otra parte en el otro lado del cuchillo.

- Una vez que ambas piezas de la almohadilla se han alineado con la espiga, es hora de usar pegamento epoxi para pegarlas.
- Untar las piezas de la almohadilla con pegamento epoxi y alinear los pasadores con los orificios de la espiga.
- Empuje la pieza de la almohadilla con los pasadores. Luego martille los pasadores a través de la espiga y dentro de la otra pieza de la almohadilla.

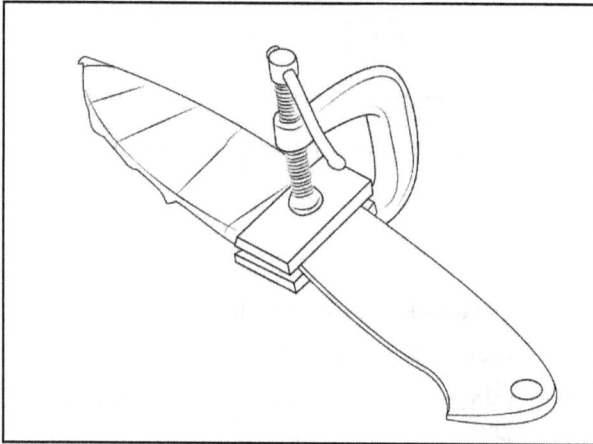

Figura 25: Cabezal con abrazadera

- Ahora es el momento de lijar la almohadilla para que fluya perfectamente con la espiga.
- Para lijar, simplemente use una banda de grano 80. Acerque la almohadilla a la lijadora de banda y permita que suavice suavemente la pieza. No empuje la almohadilla con demasiada fuerza dentro de la correa.

Protector de dedos

Hay numerosos materiales que usted puede utilizar para hacer el protector de dedo. Para nuestro cuchillo, vamos a usar de nuevo lata maciza. Asegúrese de que la pieza que tiene con usted es de aproximadamente 5 pulgadas de largo y 1 pulgada de ancho. Si usted puede encontrar una pieza de lata que es de alrededor de ⅛ pulgadas de espesor, entonces usted tiene la pieza perfecta de metal para trabajar con.

Es hora de empezar con el proceso.

- Nuestra primera orden de trabajo es marcar la pieza de metal con el contorno de la guarda. Para ello, coloque el cuchillo de tal manera que la parte donde comienza la hoja del cuchillo caiga sobre la pieza de metal de lata. De esta manera, usted tiene una parte de la cuchilla y una parte de la espiga en la pieza de metal de lata. Asegúrese de colocar la cuchilla lo más cerca posible de un extremo de la pieza de lata. Esto le permite utilizar el otro extremo de la lata también. Cuando coloque el cuchillo en un extremo de la pieza de lata, asegúrese de dejar algo de espacio. Aproximadamente 1/2 pulgada de espacio es suficiente.

- Esto significa que tienes media pulgada de espacio en un lado del cuchillo. Mida media pulgada en el otro lado del cuchillo y marque esa media pulgada en la lata con un marcador permanente. Ahora tiene una marca de 3-4 pulgadas de un extremo de la pieza de lata (dependiendo del tamaño de su cuchillo).

- Ahora haga dos marcas, una a cada lado de la espiga. Aquí es donde irá la ranura del protector de la hoja.

- Retire el cuchillo.

- Notará que las líneas que hizo para la espiga no se extienden a través del cuchillo. Saque su marcador y extienda ambas líneas, de modo que cubran todo el ancho del cuchillo.

- Una vez hecho esto, encuentre el punto medio de estas dos líneas de espiga. Dibuje una línea que conecte un punto medio con el otro. Llamemos a esta línea la "línea del punto medio".

- Abajo utilice una prensa de taladro para el siguiente paso. También puede utilizar su taladro de mano, pero obtendrá más precisión con una taladradora. Sujete la pieza de lata en un tornillo de banco. Ahora, baje la prensa de taladrado en un extremo de la línea del punto medio. Taladre un agujero.

- Mueva la pieza de lata de tal manera que la prensa de taladrado extienda la sujeción a lo largo de la línea del punto medio. Eventualmente, toda la línea del punto medio se verá como un espacio que es casi del tamaño de su espiga.

- Una vez que haya terminado, utilice una prensa de taladro para alisar el espacio tanto como sea posible. Cuando esté liso, sáquelo y trate de encajar su espiga a través de él. Si usted tiene el ajuste perfecto, entonces su espiga atravesará el hueco. Si no lo haces, tu espiga podría atascarse.

- Si desea prolongar ligeramente la sujeción, no utilice la prensa de taladrado. En su lugar, utilice una lima metálica estrecha para realizar el trabajo. Coloque la lima metálica en un extremo del hueco y hágala avanzar y retroceder varias veces. Luego haga el mismo procedimiento para el otro extremo del hueco. De esta manera, usted puede extender el espacio ligeramente.

Recuerde que el protector debe tener un ajuste apretado en la espiga. No debe estar suelto, o el protector de la hoja podría salirse.

- Una vez que haya descubierto que el protector encaja perfectamente en el cuchillo, usted va a limpiar y pulir el protector. Para hacer esto, usted necesita tomar un papel de lija de espesor 600. Frótelo en ambos lados del protector. Necesitas frotarlo por un par de minutos en un lado y luego la misma duración en el otro lado.

- También puede usar una esmeriladora para completar el pulido. Sólo tiene que someter el protector a la afiladora durante unos 10 segundos más o menos para obtener el esmalte que necesita.

- Una vez hecho esto, puede terminar la guarda usando cualquier limpiador de frenos regular. Rocíe un poco del limpiador sobre el protector y luego límpielo con un paño.

CAPÍTULO 8: MANGO

Para hacer el mango de su cuchilla, fijará dos piezas de material en la parte exterior de su espiga. Estas piezas se llaman escamas. Aunque hay algunos beneficios y desventajas de usar ciertos materiales, mucho de esto se debe a preferencias personales. Al elegir el material para el mango de un cuchillo, debe tener en cuenta el entorno y el tipo de uso que su mango tendrá. Si va a martillar su mango con frecuencia durante el proceso de martilleo, puede que no tenga sentido usar una madera blanda que pueda dañarse fácilmente. Los cambios en la temperatura y la humedad también harán que algunos materiales naturales se contraigan y se hinchen, lo que podría afectar la integridad de su mango.

CONSEJO: El uso de una almohadilla acortará la longitud de las escamas del mango que necesitará para su mango. Téngalo en cuenta al diseñar el mango.

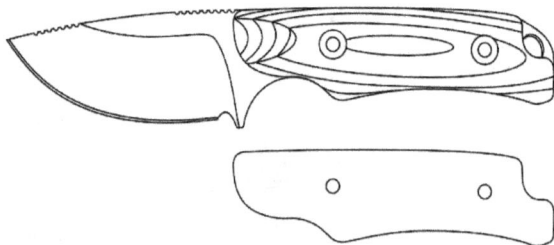

Figura 26: Plantilla de escala de mango

Escala de material

Junto con la madera, uno de los mangos recomendados para cuchillos que se pueden utilizar es el de las escamas de Micarta. La micarta es una forma de material sintético que se fabrica a partir de ciertos tipos de tejidos, como el lino o la tela. Suelen estar empapados en resina. Es resistente, ligero y hace que su mango sea duradero. Sin embargo, cuando el mango se expone a un líquido aceitoso o graso, la Micarta se vuelve un poco resbaladiza. Pero eso es un pequeño inconveniente para un material que de otra manera sería adecuado.

Otra cosa en la que debe concentrarse es en las clavijas que se insertarán en la espiga y en el mango. Los alfileres son las piezas de metal delgado y redondo que se insertan a través de los orificios para ayudar a sujetar las escamas a una cuchilla con forma de espiga completa. Estos alfileres, una vez terminados, dejarán un pequeño círculo de metal visible en el mango. Los alfileres pueden ser hechos de casi cualquier tipo de metal, dependiendo de lo que usted quiera ver en su mango.

También recomendaría el uso de sujetadores Corby y pernos Loveless, si usted tiene el gusto por ellos.

Fabricación de manijas

- El primer paso debe ser dar forma al mango usando la lijadora de banda. Para ello, elija primero el material adecuado para el mango. Puede elegir una pieza de madera exótica con exquisitos tallos o usar Micarta.
- Ahora tendrá un bloque de madera con usted. El siguiente paso es obtener las dimensiones correctas para el mango.

- Para obtener la forma correcta, primero hay que entender que se necesitan dos piezas de bloques. Estas piezas actuarán como una abrazadera para su cuchillo. Para obtener las dos piezas, debe utilizar una sierra de mano para dividir el bloque en dos mitades. Usted hace esto corriendo la sierra directamente por la mitad del mango. Trate de asegurarse de que la pieza de material que tiene enfrente esté dividida uniformemente en el centro. Si tiene dimensiones desiguales, es posible que tenga problemas para conseguir que ambas mitades del material formen la forma correcta que desea.

- Cada una de las dos mitades debe ser cortada en la longitud del mango. La longitud del mango depende del cuchillo que se está fabricando y de la espiga en sí. Pero afortunadamente, estábamos preparados para crear un diagrama que sirviera de modelo para nuestro cuchillo. Como habíamos visto antes, la longitud del mango con la que vamos a ir es de 4 pulgadas. Sin embargo, trate de reducirlo a aproximadamente 4 1/2 pulgadas para que pueda dejar un poco de espacio para el error.

- Una vez que tenga las longitudes correctas, puede trabajar en la forma del mango. Si tiene una idea aproximada del mango, puede dibujar sobre la madera con un marcador.

Cuando tenga listo el material para el mango (la balanza), deberá seguir los siguientes pasos para completar la fabricación de su propio mango.

- Compruebe que las partes del mango esté perfectamente plana. Averigüe cómo quiere que sus piezas se asienten en la cuchilla.

- Haga una marca en su escama para designar qué lado será el interior. Esto hará que sea más fácil hacer un seguimiento y mirar de qué lado colocar el pegamento epoxi más adelante.

- Coloque una de sus piezas del mango como si estuviera en la cuchilla. Sujete la cuchilla y las escamas juntas.

- Manteniéndolos seguros, taladre a través del orificio de la espiga hasta el fondo de las escamas.

- Introduzca uno de sus pasadores a través de los orificios, asegurando las dos piezas. Esto mantendrá los agujeros existentes alineados mientras taladra su segundo agujero. Taladre a través del segundo orificio de su espiga, en la escama del mango.

- Si tiene más de dos pasadores en el mango, repita este proceso, asegurando cada nuevo orificio con un pasador. Utilizando su marcador, trace el contorno de su espiga en el interior de la escama.

- Ahora quite todas las clavijas y la escama que acaba de usar.

- Use su sierra de arco y siga el contorno que hizo para cortar la forma áspera de su mango. Vuelva a poner la balanza en el cuchillo. Está bien si las escamas son un poco más grandes que la espiga. Todo lo que tiene que hacer para que coincidan es lijar el perfil del mango para que coincida con el perfil de la espiga.

- Usando papel de lija de grano grueso, raspe el interior de sus escamas así como el exterior de su espiga. Luego, use acetona y un trapo para limpiar todas las superficies de las escamas. A continuación, vamos a mezclar el pegamento epoxi. Uno de los pegamento epoxis recomendados que puede utilizar es JB Weld. La proporción de pegamento epoxi a utilizar será de 2:1. Esto significa que mezclará dos partes de resina con una parte de endurecedor.

- Pegue con cinta adhesiva toda el área de la cuchilla del cuchillo, con un poco de cinta adhesiva. Usted no quiere tener pegamento epoxi en su cuchilla.

- Usando un palo limpio y liso, extienda el pegamento epoxi por todo el interior de cada escama y la espiga. En este punto, asegúrese de tener suficiente pegamento epoxi para que cuando sujete las escamas a la cuchilla, la superficie interior quede completamente cubierta.

- Aplique un poco de pegamento epoxi en los extremos de las clavijas. Pasar los pines a través de la primera escama y dentro de la espiga. Coloque la segunda escama desde el otro lado. Asegúrese de que las clavijas atraviesen las escamas. Golpee suavemente los pernos con un martillo para asegurarse de que no se atasquen y terminen en la posición correcta.

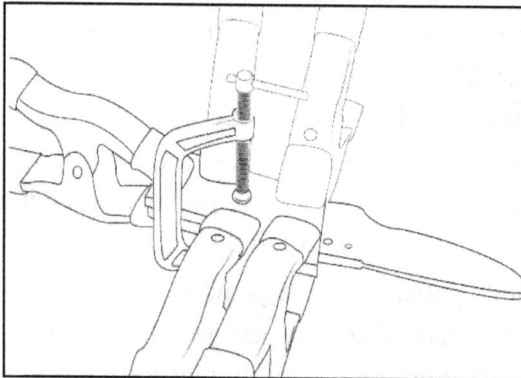

Figura 27: Apretar todo bien

- Sujete el mango con abrazadera, apretando todo con seguridad. Limpie cualquier exceso de epoxi que se agote. Deje que su cuchillo se quede sujetado durante la noche para que se seque.

- Una vez que el epoxi haya fraguado, lleve el cuchillo de vuelta a la lijadora de banda. Limpie los bordes y comience a dar forma a su mango.

- Pon a prueba tu agarre a medida que avanzas, quita más material dondequiera que te presione la mano de una manera incómoda.

- Una vez que esté satisfecho con su agarre, baje las correas a un papel de lija de grosor más fino. Termine su mango lijando a mano con grosores progresivamente más finos hasta obtener el acabado que desea.

Lijado y modelado del mango

Ahora que has creado el mango, tienes que darle forma.

- Usando el diseño de la madera como guía, lleve su cuchillo a la lijadora. Para este propósito, debe usar una lijadora con una banda de 120 de grosor. Con un grosor de 120, usted podrá obtener la forma correcta e incluso añadir una capa suave en su mango.

- Lleve suavemente el mango a la lijadora. Trabaje en el mango mientras desmenuza las partes que se encuentran fuera del área marcada. Si siente que tiene que detenerse y examinar el mango, hágalo.

- Continúe trabajando en el mango hasta que empiece a ver la forma que originalmente quería crear. Trabajar con la lija y luego rematar la forma.

- Una vez que lo haya hecho, notará que el mango no se

ve 'terminado'. Puede ser que tenga un cuerpo bastante áspero y muchas virutas de madera (si está usando madera) sobresaliendo. En este punto, tienes que concentrarte en dar un buen acabado a las dos piezas del mango. Cambie a un cinturón de lija 60 y luego haga que su mango sea lo más suave posible.

- El siguiente paso en el proceso de lijado es asegurarse de tener el papel de lija con el grosor adecuado.

- Antes de comenzar el proceso de lijado, usted tendrá que proteger su cuchilla. Use un trozo de cuero para cubrir la cuchilla. Asegúrese de que la piel esté suave por dentro para que no deje marcas en la cuchilla. También se puede utilizar tela, pero la piel es más resistente y resistente al papel de lija. Si el paño se interpone en el camino del papel de lija, es posible que se ensucie con trozos de paño suelto que se adhieren al papel de lija o que revelan partes de la cuchilla.

- Otra razón para usar una cubierta para la cuchilla es para protegerla del tornillo de banco. Las abrazaderas van a sostener la cuchilla con el mango sobresaliendo libremente. Para evitar que las abrazaderas dejen marcas en la cuchilla, es mucho mejor envolverla con una funda (una vez más, preferiblemente de cuero).

- Ahora siga adelante y sujete la cuchilla y el mango listos para el proceso de lijado.

- Comience con una lija de grosor 80. Cuando esté lijando el mango, se va a mover de una manera que le permita rodearlo. Este proceso le permite cubrir toda la superficie del mango.

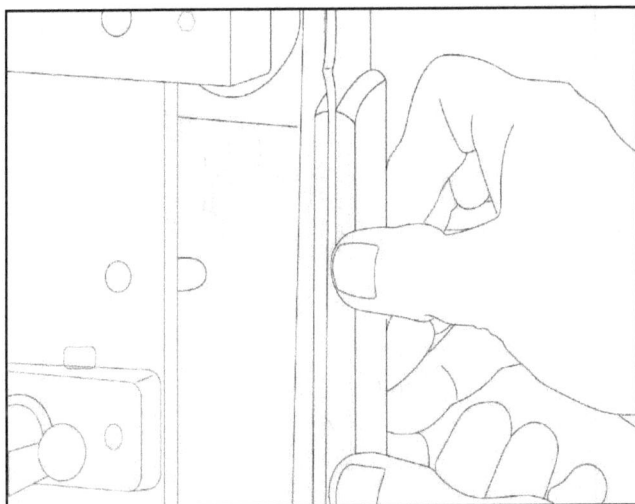

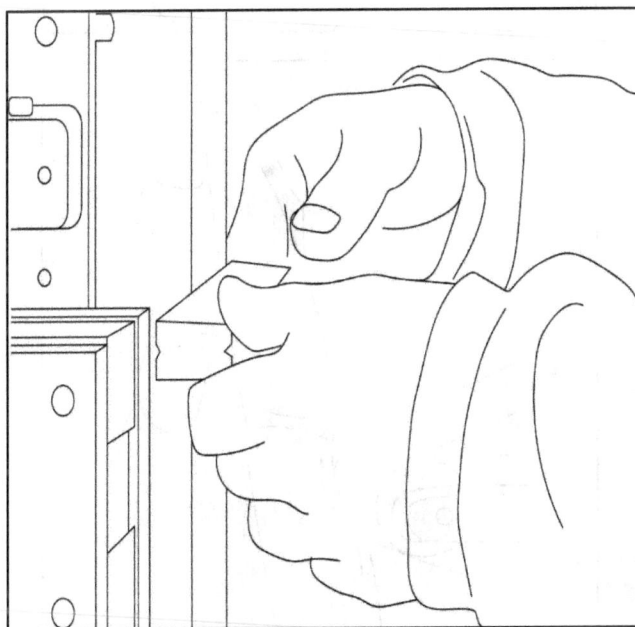

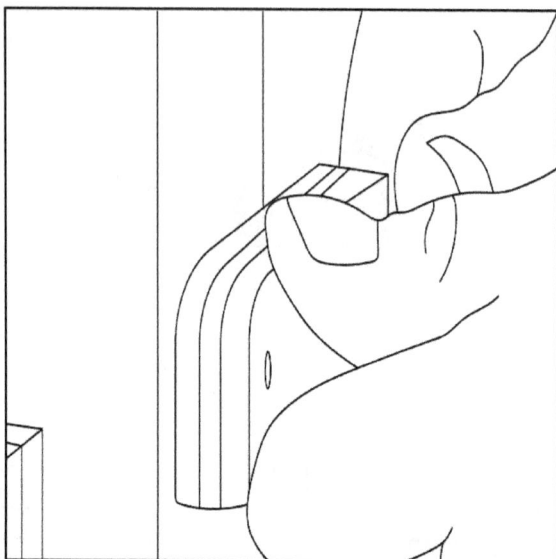

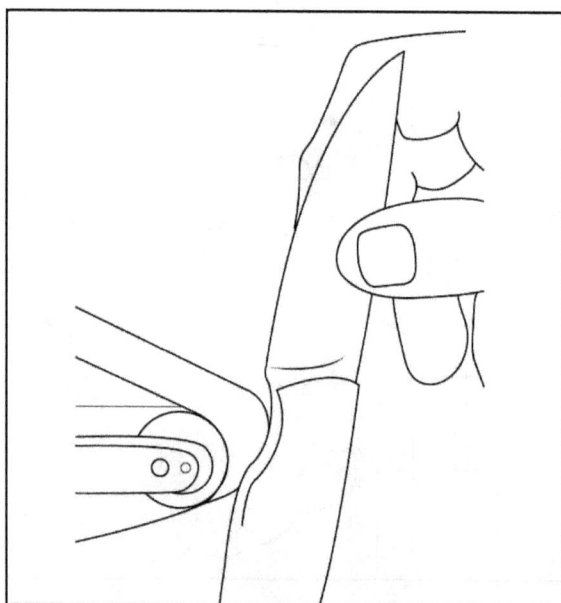

Figuras 28 a 30: Técnica de lijado adecuada

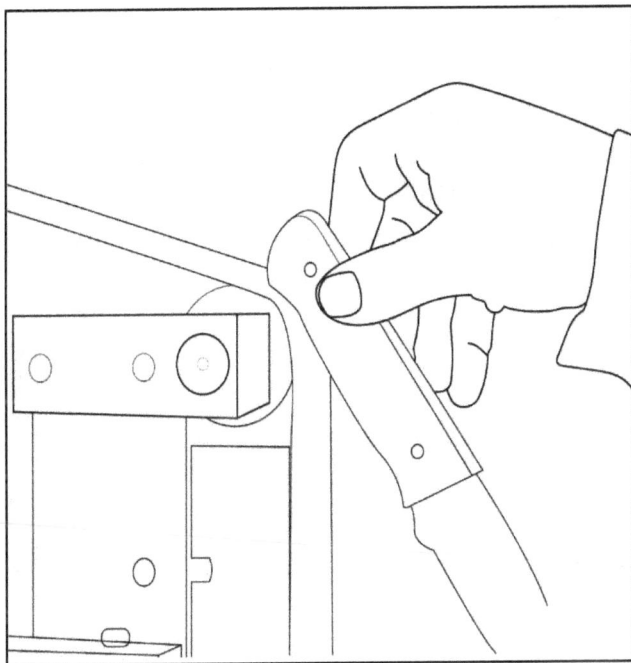

Figura 31 y 32: Un pequeño accesorio de rueda en una afiladora 2X72 puede ser útil para dar forma a las curvas del mango.

- Trabaje con el papel de lija de grosor 80 durante un par de minutos a ambos lados del mango.
- Una vez hecho esto, cambie el papel de lija a una de grosor 240.
- Algunas cosas a recordar durante el proceso de lijado:
- Tómese un poco más de tiempo cuando esté lijando los alfileres. Si no pasas el tiempo suficiente, es posible que se "aboyen" un poco. Lo que esto significa es que sobresalen de sus agujeros porque el área alrededor de ellos está siendo lijada más rápido que ellos.
- Tenga cuidado al lijar cerca de las áreas que tienen metal.

Si lijas demasiado esas áreas, entonces el metal comenzará a sobresalir, como en el caso de los alfileres.

○ Después de haber completado el lijado con el papel de lija de grosor 240, examine el mango y vea si los resultados están de acuerdo con sus expectativas. Si es necesario, rehaga el proceso de lijado para obtener mejores resultados para su mango.

● Una vez que el mango esté completamente listo, utilice aceite danés para pulir y cubrir todo el mango.

CAPÍTULO 9: LOS PROCESOS FINALES

Acabado Satinado a Mano para el Cuchillo

- Anteriormente habíamos trabajado en el mango, y esta vez, vamos a trabajar en la cuchilla. Para terminar este cuchillo, vamos a hacer un acabado satinado a mano. Básicamente reemplazaremos los lijados profundos por otros más finos, hasta que los pulidos sean tan finos que no sean visibles. Si usted quiere vender su cuchillo, entonces es necesario que su cliente se sienta bien con su compra.

- La mejor manera de trabajar con la cuchilla es primero sujetar un trozo de tabla entre un tornillo de banco (asegúrese de que la tabla sea estrecha y que más o menos alcance el ancho de la cuchilla de la cuchilla). Luego coloque el cuchillo en la parte superior de la tabla y sujete el cuchillo allí.

- Alternativamente, cubra la espiga o el mango del cuchillo con cuero y luego sujete el mango, dejando que la cuchilla sobresalga hacia afuera para que usted pueda trabajar con su papel de lija.

- Use un poco de WD40 y frótelo a lo largo de la cuchilla. Esto eleva los cortes del papel de lija y hace que dure más tiempo.

- Aplicar el WD40 sobre el vientre del cuchillo. Cuando esté listo, tome el papel de lija y colóquelo en la cuchilla que está planeando terminar. Luego comience a mover el papel de lija a lo largo de la cuchilla.

- Usted va a lijar el cuchillo comenzando con un papel de

lija de grosor 80. A continuación, siga utilizando grosores de lija cada vez más altos a medida que elimine los arañazos del papel de lija más grueso.

- Recuerde que cuando utilice papel de lija, debe trabajar en ángulo. Imagina que el cuchillo está apuntando hacia ti. Comienza con la punta del cuchillo y mueve el papel de lija de lado a lado mientras subes por la cuchilla, hacia ti mismo.

- En lugar de lijar directamente el papel de izquierda a derecha, puede ajustar el papel de lija para que quede en ángulo. Por lo tanto, cuando se mueve de un lado a otro, parece que el papel de lija está colocado en un ángulo de aproximadamente 45°. Esto le permite cubrir más área de superficie mientras lija.

- Lije ambos lados de la cuchilla usando el proceso anterior. Una vez que haya terminado de lijar, entonces puede trabajar en los biseles. Cuando empieces a trabajar en los biseles, empieza por cubrirlos con un marcador azul. Esto le permite comprobar si hay puntos en el bisel. En caso de manchas, se debe realizar una nivelación. Utilice una barra mecanizada y papel seco para realizar el trabajo.

- Recuerde que el propósito principal del lijado es eliminar las pequeñas marcas de arañazos que puedan haber aparecido en la cuchilla. Al final, cuando haya terminado el proceso de lijado, repase y revise su trabajo. Asegúrese de que está satisfecho con los resultados. Si nota que todavía hay marcas de arañazos, saque la lija y empiece a trabajar en ella de nuevo.

- No tenga miedo de tomarse el tiempo para eliminar los arañazos. En este punto, muchos cuchilleros se sienten frustrados porque están tan cerca del final. Avanzan rápidamente a través del proceso de lijado para llegar hasta el final. Sin embargo, debe tomarse su tiempo. El hecho de que esté tan cerca de terminar su cuchillo puede obligarlo a acelerar el proceso de lijado, pero debe tomarse su tiempo.

- Usando una progresión de grosores distintos para el lijado se obtienen mejores resultados que saltándote grosores de lija.
- Cuando hayas hecho todo bien, deberías quedarte con un acabado satinado a mano.

Afilando su cuchillo

Cuando usted está trabajando en el afilado de su cuchillo, se dará cuenta de que hay muchas herramientas de afilado en el mercado. Veamos algunas de las herramientas que puede utilizar para su proceso de afilado.

Más información sobre el afilado de cuchillas

La delgadez de un filo lo convierte en la parte más vulnerable de tu cuchillo. Esta es también la parte de la cuchilla que recibe más golpes. Cada cuchillo requiere un mantenimiento de los bordes, ya que incluso el mejor acero se desgasta con el tiempo. La mecánica básica de afilado sigue siendo la misma, ya sea el primer filo de la cuchilla o su centésima.

Algunos esmerilados se realizan mejor con un pequeño bisel secundario en el borde. Otros molinos, como el de Scandi, se afilan refinando el molido original. Esto hace que el esmerilado de Scandi sea muy fácil de afilar para los principiantes, ya que el ángulo necesario es fácil de determinar.

Asegúrese de tener buena iluminación antes de comenzar el proceso de afilado. Al igual que con el esmerilado, su proceso de afilado implica comenzar con grosores de lija más grandes y bajar lentamente a grosores cada vez más finos.

Al afilar, la clave es hacer coincidir el ángulo del filo de la cuchilla con el afilador. Manteniendo este ángulo consistente y moviendo su borde a través de grosores de lija cada vez más finos, usted eliminará todo el metal que no constituya el borde de su cuchilla. La mecánica detrás del afilado no es difícil de entender, pero los buenos resultados requieren una mano experta y una atención refinada a los detalles.

Técnica de afilado de cuchillos

- Sostenga su cuchillo plano de lado sobre su piedra gruesa. Levante ligeramente el lomo para que el borde descanse sobre la piedra en un ángulo agudo. Lo ideal es mantener un ángulo de aproximadamente 20-25°. Sin embargo, puede elegir el ángulo que mejor se adapte a su cuchillo.

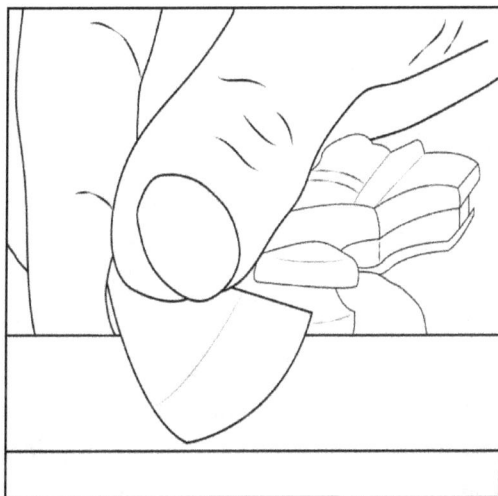

Figura 33: El ángulo de afilado correcto

- Además, trate de usar una piedra de arenisca de 1,000 al principio. Esta piedra funciona bien para principiantes.

- Mueva el borde a través de la piedra ligeramente, como si estuviera tratando de cortar un trozo muy delgado de ella. Asegúrese de que toda la longitud de la cuchilla, desde el talón hasta la punta, entre en contacto con la piedra. Siempre afila tu cuchilla en la dirección opuesta a ti. Repita este proceso varias veces, manteniendo el mismo ángulo.

- A medida que se retira el acero del borde, eventualmente se formará una pequeña rebaba en el lado opuesto del borde. La rebaba es un rizo de metal áspero y elevado que resulta del esmerilado de metal. La rebaba debe aparecer uniformemente a lo largo de toda la longitud del borde. Si encuentras que está ausente en un área de tu borde, no estás afilando tanto en ese punto en particular.

- Una vez que tenga una rebaba a lo largo de todo el borde,

cambie de lado. Repita el proceso hasta que tenga una rebaba en el segundo lado. Si tiene astillas en la cuchilla, tendrá que seguir afilando con una piedra gruesa hasta que todo el acero pase por esa astilla. Una vez que haya fijado el borde con la piedra gruesa, muévase a una piedra de grano más fino y repita todo el proceso.

- Utilice el método de 'strop' para eliminar la rebaba final en el borde de la cuchilla. El golpeo implica el mismo movimiento que se utiliza al afilar la piedra, pero al revés. En lugar de cortar hacia adelante, la cuchilla se tira hacia atrás, arrastrando el borde. Utilice una ligera presión y realice varias pasadas, alternando los lados. El golpeteo asegura que el filo de su cuchilla permanezca durante mucho tiempo. Tenga en cuenta que las piedras para afilar son diferentes de las piedras para lijar, y usted debe invertir en una si se toma en serio la fabricación de cuchillos.

CONSEJO: Este es un consejo importante que debe recordar mientras afila su cuchillo. Asegúrese de limpiar su cuchillo antes de llevarlo a la piedra o al bloque de piedra que está usando. Si no lo hace, es posible que contamine más la piedra en la que está trabajando.

Probando el filo

Hay muchas maneras de probar su filo para ver si es lo suficientemente delgado. Cada uno tiene su propio método favorito, desde ver lo bien que la cuchilla corta el papel hasta dibujar cuidadosamente el borde a lo largo de una uña. En mi opinión, la mejor manera de probar el borde es usarlo. La eficiencia con la que se completa una tarea determinada ayuda a determinar si el borde se afiló correctamente o no.

Otro método para probar el filo (especialmente para nuestro cuchillo de caza) es pasar el cuchillo a través de una toalla de papel. Si usted puede arrastrar el cuchillo a través de la toalla sin mucha resistencia y por sí mismo, entonces usted tiene un cuchillo bien hecho y afilado.

CAPÍTULO DE BONIFICACIÓN: HACER PINZAS

Ahora nos vamos a centrar en hacer pinzas simples, pero efectivas que usted puede usar en sus trabajos de metal.

Hay numerosos materiales que usted puede utilizar para hacer sus pinzas. Uno de los materiales más comunes que usted puede conseguir es la barra de refuerzo. Usted puede conseguir uno que es de aproximadamente 3 pies de largo y es de aproximadamente 1/2 de espesor.

- Lo primero que tienes que hacer es encontrar el centro de la barra. Haga una marca en la barra con un marcador permanente. Desde el centro, mida 3 pulgadas a la derecha y luego 3 pulgadas a la izquierda. Llame a estos dos puntos A1 y A2.

- Ahora haga una sangría en A1 y A2. Puede hacerlo colocando la barra en el borde de su yunque y golpeándola ligeramente. Usando solamente las dos hendiduras, usted tiene un espacio de 6 pulgadas en el centro.

- Ahora lleva la barra a tu forja y calienta la parte marcada.

- Vuelva a colocar la barra sobre el yunque y aplaste la parte calentada. Golpee con el martillo y asegúrese de que las 6 pulgadas del centro se están aplanando. Cuando parezcan lo suficientemente planas y todavía tengan alrededor de una pulgada de grosor, lleve la pieza de vuelta a la forja y caliéntela.

- Siempre que caliente la barra, asegúrese de que está calentándola a la temperatura de rango amarillo.

- Una vez que la barra haya sido calentada, llévela de vuelta al yunque. Ahora vamos a usar la parte de cuerno del yunque (la pequeña protuberancia en la parte delantera). Coloque la parte calentada en el cuerno y luego comience a golpear la barra para doblarla de tal manera que los dos extremos de la barra se encuentren. Golpee la barra uniformemente para que cuando cree sus pinzas, no reciba una forma desigual o incómoda.

- Eventualmente, usted está apuntando a llevar los dos extremos a un punto en el que parezca que están haciendo una forma de "U". Cuando haya logrado la forma, habrá completado la primera parte del proceso.

- Caliente un extremo de la barra y llévela a la temperatura de rango amarillo. Diríjase a la abrazadera y sujétela firmemente con el extremo apuntando hacia arriba. Ahora vamos a usar un cincel y lo colocaremos en el centro de la base de la barra. Esencialmente, vamos a dividir el final. Alinee el cincel en el centro y golpéelo con un martillo. Puede hacer la división lo más profunda posible, pero asegúrese de no excederse.

- Repita el proceso anterior también en el otro extremo de la barra. Básicamente, caliéntelo, sujételo con el extremo apuntando hacia arriba y golpéelo para que lo divida.

- El siguiente paso va a involucrar también a los extremos. Esta vez, caliente los extremos y usando el cuerno del yunque, dóblelos hacia adentro en un ángulo de 90 grados.

- Comience con un extremo de la barra y luego trabaje en el otro extremo. Al final, ambas barras se doblan hacia adentro. Esta formación se convierte en las manos de las pinzas, sosteniendo cualquier pieza de material entre ellas.

- Vuelve al centro del bar. Caliéntelo de nuevo y vuelva a ponerlo en el rango de temperatura amarillo. ¿Recuerdas las hendiduras que habías hecho? Elige un punto ligeramente cerca de esas hendiduras y golpea la barra para que empiece a doblarse hacia adentro.

- Haga lo mismo con el otro lado de la barra también.

- Ahora parece que tiene una muesca en ambos lados de la barra, cerca de donde se dobla para crear la forma de 'U'.

- Cuando hayas hecho eso, ahora tienes una forma muy rudimentaria de pinzas. Puede usar los extremos doblados para sujetar cualquier pieza de metal y luego sacarla fácilmente de la forja.

- Una punta para el proceso es reemplazar la barra de refuerzo con resortes helicoidales porque los resortes helicoidales tienen un poco más de elasticidad para permitirle apretar los dos extremos de la barra juntos.

- Cuando esté usando resortes helicoidales, asegúrese de comenzar cortando 3 pies de metal del resorte. Una vez hecho esto, debe enderezar el metal. Enderezar un resorte helicoidal es relativamente fácil, ya que el metal en sí no proporciona mucha resistencia. Calentar las piezas dobladas y con un martillo, golpear ligeramente el metal hasta que se enderece.

- Usted puede hacer uso de muchos otros metales para esto, pero la barra de refuerzo es fácil de conseguir, mientras que un resorte helicoidal hace que las pinzas sean efectivas y flexibles.

CONCLUSIÓN

L a fabricación de cuchillas es un proceso satisfactorio. El trabajo duro que usted pone cosecha algunos resultados increíbles. Por supuesto, todo depende de los esfuerzos y del tiempo que se le dedique.

No te preocupes por los errores que cometas. Cada error es una curva de aprendizaje para ti. Es por esta razón que los metales que usted está usando en este libro son fáciles de trabajar. Incluso si usted no consigue la forma correcta o no realiza un error durante el proceso de esmerilado, no tiene que preocuparse por el metal. Usted puede elegir entre corregirlo fácilmente o conseguir el metal (ya que es bastante fácil de conseguir).

Realmente hay algo especial en un cuchillo afilado que, una vez experimentado, será difícil vivir sin él. El rendimiento de corte superior también tiene en cuenta la forma y la geometría de la cuchilla y la facilidad de afilado.

Revise este libro cuidadosamente antes de entrar en los procesos de tratamiento térmico. Asegúrese de entender los conceptos. Lo más importante, tenga cuidado cuando trabaje con metales.

Siempre ponte a ti primero. ¿Está usted en un ambiente seguro? ¿Te mantienes protegido? ¿Se mantiene a una distancia segura del fuego y de otros objetos dañinos?

Recuerde, no tiene sentido intentar algo cuando no se siente seguro.

Otro factor que debe tener en cuenta es que la fabricación de cuchillas es un proceso que lleva bastante tiempo. Cuando sea consciente de ello, podría decidir cuál es la mejor manera de abordar los distintos procesos. Por eso, asegúrese de que se sienta cómodo con un proceso antes de pasar al siguiente. Por ejemplo, si usted siente que no está haciendo bien el apagado, entonces consulte este libro e inténtelo de nuevo. Trate de no saltar a otro paso si no ha realizado correctamente el paso anterior.

Usted podría encontrarse físicamente ejerciendo fuerza sobre los metales con los que está trabajando. A veces, esto puede llegar a ser un poco incómodo. Descanse sus manos si piensa que está haciendo demasiado esfuerzo de lo que es absolutamente necesario. Sin embargo, recuerde que si sigue las instrucciones de este libro, no tendrá que golpear el metal con demasiada fuerza.

Simplemente ver cómo cobra vida tu espada es una de las sensaciones más agradables que puedes experimentar. Espero sinceramente que usted también tenga un sentimiento tan exquisito.

Manténgase protegido y disfrute de un maravilloso proceso de fabricación de espadas y cuchillos.

Y si te apetece, haz una reseña rápida de este libro también. Te lo agradecería mucho.

REFERENCIAS

Blandford, P. (2006). *Proyectos de herrería.* Mineola, N.Y.: Publicaciones Dover.

Blandford, P. (2010). Práctica herrería y metalurgia. Nueva York: TAB.

Parkinson, P. (2001). *El Artista Herrero.* Crowood Press.

Streeter, D. (2008). *Smithing profesional.* Lakeville, Minnesota: Astragal Press.

www.ingramcontent.com/pod-product-compliance
Lightning Source LLC
Chambersburg PA
CBHW071713210326
41597CB00017B/2464